中国航天技术进展丛书

吴燕生　总主编

国家出版基金项目
NATIONAL PUBLICATION FOUNDATION

运载火箭数字样机工程

王小军　陈海东　等　著

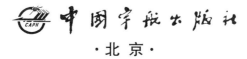

·北京·

图书在版编目(CIP)数据

运载火箭数字样机工程 / 王小军等著 . --北京:
中国宇航出版社，2017.8

ISBN 978 - 7 - 5159 - 1373 - 5

Ⅰ.①运… Ⅱ.①王… Ⅲ.①运载火箭 - 机械工程 -
计算机仿真 - 研究　Ⅳ.①V475.1

中国版本图书馆 CIP 数据核字(2017)第 214022 号

责任编辑　侯丽平　　　**封面设计**　宇星文化

出 版 发 行	**中国宇航出版社**

社　址	北京市阜成路8号　邮　编　100830	版　次	2017 年 8 月第 1 版
	(010)60286808　　　(010)68768548		2017 年 8 月第 1 次印刷
网　址	www.caphbook.com	规　格	787×1092
发行部	(010)60286888　　　(010)68371900	开　本	1/16
	(010)60286887　　　(010)60286804(传真)	印　张	14.25
零售店	读者服务部	字　数	365 千字
	(010)68371105	书　号	ISBN 978 - 7 - 5159 - 1373 - 5
承　印	北京画中画印刷有限公司	定　价	128.00 元

本书如有印装质量问题，可与发行部联系调换

总　序

中国航天事业创建 60 年来，走出了一条具有中国特色的发展之路，实现了空间技术、空间应用和空间科学三大领域的快速发展，取得了"两弹一星"、载人航天、月球探测、北斗导航、高分辨率对地观测等辉煌成就。航天科技工业作为我国科技创新的代表，是我国综合实力特别是高科技发展实力的集中体现，在我国经济建设和社会发展中发挥着重要作用。

作为我国航天科技工业发展的主导力量，中国航天科技集团公司不仅在航天工程研制方面取得了辉煌成就，也在航天技术研究方面取得了巨大进展，对推进我国由航天大国向航天强国迈进起到了积极作用。在中国航天事业创建 60 周年之际，为了全面展示航天技术研究成果，系统梳理航天技术发展脉络，迎接新形势下在理论、技术和工程方面的严峻挑战，中国航天科技集团公司组织技术专家，编写了《中国航天技术进展丛书》。

这套丛书是完整概括中国航天技术进展、具有自主知识产权的精品书系，全面覆盖中国航天科技工业体系所涉及的主体专业，包括总体技术、推进技术、导航制导与控制技术、计算机技术、电子与通信技术、遥感技术、材料与制造技术、环境工程、测试技术、空气动力学、航天医学以及其他航天技术。丛书具有以下作用：总结航天技术成果，形成具有系统性、创新性、前瞻性的航天技术文献体系；优化航天技术架构，强化航天学科融合，促进航天学术交流；引领航天技术发展，为航天型号工程提供技术支撑。

雄关漫道真如铁，而今迈步从头越。"十三五"期间，中国航天事业迎来了更多的发展机遇。这套切合航天工程需求、覆盖关键技术领域的丛书，是中国航天人对航天技术发展脉络的总结提炼，对学科前沿发展趋势的探索思考，体现了中国航天人不忘初心、不断前行的执着追求。期望广大航天科技人员积极参与丛书编写、切实推进丛书应用，使之在中国航天事业发展中发挥应有的作用。

雷凡培

2016 年 12 月

序

中国航天事业经过 60 多年的发展，取得了举世瞩目的成就，已成为支撑中国航天大国地位的坚强基石。航天每一代人都始终在不断自我超越中前行，技术创新是航天事业保持持续蓬勃发展的根本，其中工具手段是技术创新的物质基础。在航天事业创业初期，广大设计人员只能依靠图板、计算尺和手摇计算机设计火箭，后来有了计算机，数字计算和电子绘图提升了设计效率，今天运载火箭的研制已经实现了基于数字样机技术的全三维设计、仿真和制造，研制手段有了飞跃，技术水平和产品可靠性也大大提升了，长征七号运载火箭作为全新的运载火箭连续两次发射都取得圆满成功，可喜可贺！

我国目前正处于从航天大国向航天强国迈进的关键时期，也是我国制造业全面深入落实和实施《中国制造 2025》行动纲领的关键时期，产品智能化、设计智慧化是未来的方向，面对时代变迁的浪潮，由数字化、网络化走向智能化已成为航天人下一步的追求，必将促进航天型号研发手段的进一步提升，为我国重型运载火箭、载人航天工程等重大工程的实施提供更先进的智慧化研发平台，为中国航天事业的发展做出更大贡献。

本书结合了我国航天工程的特点，以运载火箭为对象，从数字样机基本概念和技术理论出发，系统阐述了运载火箭数字样机工程的相关概念、设计技术、协同设计流程、管理技术，并结合航天领域型号工程实践经验，用大量事例详细说明了基于数字样机的仿真技术、基于数字样机的制造、基于数字样机的综合保障及其工程化实施方法等，是一本集基础理论、方法和实践经验于一体的技术专著，对大型复杂工程领域的应用具有很大的实践参考价值。

中国工程院院士

王永志

2017 年 6 月

前　言

我国运载火箭的研制始终在不断自主革新中前进，从 1970 年发射第一枚运载火箭以来，经过几十年的发展，我国运载火箭已从单一型号发展成小型、中型、大型和重型多个系列，成为支撑我国航天事业的重要支柱。随着我国国际地位的日益提升，运载火箭走向国际市场是必然趋势，传统的研制方式已不能够满足新一代运载火箭多系列、高可靠、高安全、高质量、低成本、短周期的研制要求，亟需新的技术手段和管理模式突破生产力瓶颈，实现新一代运载火箭研制能力的提升，增强我国运载火箭的国际竞争力。

数字样机技术是近几年随着 CAD/CAE 技术、图形图像技术、数据库技术、计算机网络技术等的迅速发展而诞生的一个新兴综合性技术门类，其主要内容包括数字样机的设计、仿真、应用技术，以及与其相关的管理方法等，基于这种技术可以实现复杂产品全部设计信息的数字化描述及高效的并行协同设计，实现产品数据的信息化管理、数字样机仿真、基于数字样机的制造和服务等。本书针对运载火箭的研制特点，详细阐述了运载火箭数字样机工程的概念、设计方法和流程、管理技术、数字样机仿真、基于数字样机的制造、基于数字样机的服务及其工程化实施方法，可为其他复杂产品数字样机工程的实施提供参考。

本书共 8 章，分别为概论、数字样机并行协同设计、数字样机设计技术、数字样机管理技术、数字样机仿真、基于数字样机的制造、基于数字样机的服务及发展展望。每一章都从基本概念、涉及的工具及其技术特点、工程实施方法和效果等多方面进行了较为全面的阐述，基本覆盖了运载火箭数字样机工程的全部内涵。

本书是在总结新一代运载火箭数字样机工程实施经验的基础上，提炼出的一套数字样机技术体系和实施方法，具有较强的工程指导意义。适用于大学和研究机构开展相关研究工作时借鉴，也适用于复杂机电产品研制单位管理人员及技术人员参阅。

参与本书编写的主要人员有王小军、陈海东、张立洲、熊焕、程堂明、胡晓军、聂蓉梅、罗军、李莉、皮赞、赵博、刘敏、王哲、李澍、周培、贾瑞林、郭逸婧、刘岭、陈仁越、张旭东、郭广鑫、秦旭东、尹航、顾黎、陶久亮、马成、孙树森、梁磊、唐俊杰、战玉晓、杨利明、秦春云、宋鸽等，他们都是全程参与新一代运载火箭研制过程的工程管理和技术人员，在完成繁重研制任务的同时，抽出宝贵的时间编写完成此书，此书几经修改润色，但难免有疏漏之处，请各位读者批评指正。

作　者

2017 年 5 月

目　录

第1章 概 论

21世纪以来，数字样机技术及其工程化应用已成为复杂机电产品研制领域技术研究和应用的热点，在航空、航天、汽车等行业得到越来越深入的应用，引发了设计制造集成化研制模式的变革。本章重点阐述数字样机及数字样机工程的概念和应用发展历程，基于运载火箭研制特点，提出了运载火箭数字样机工程的定义及其内涵。

1.1 数字样机工程基本概念

数字样机是相对于物理样机而言的，英文名称为 Digital Prototype(DP)或 Digital Mock - Up(DMU)，从国际上发表的文章来看，学术界尚未对其详细内涵给出准确一致的描述，但大多数专家认为，数字样机不仅包括产品基于三维的几何描述，同时也应该包括可以支撑产品功能和性能仿真的基本属性描述，随着数字样机技术的发展，其所包含的内涵也在不断完善。在国际标准 ISO 17599《机械产品数字样机通用要求》中，对数字样机的定义采用了英文名称 Digital Mock - Up(DMU)，即"数字样机是对机械产品整机或具有独立功能的子系统的数字化描述，这种描述不仅反映了产品对象的几何属性，还至少在某一领域反映了产品对象的功能和性能属性"。数字样机在几何上与真实物理产品之间具有1:1的比例表达关系，可以基于几何数字样机开展产品的功能和性能建模及属性定义，从而形成功能数字样机和性能数字样机。其中，几何数字样机的构成有以下三个要素：几何信息，包含点、线、面、体等几何相关信息；约束信息，包含零部件间的约束及数字样机内部和外部的参照等信息；面向功能、性能仿真及制造需要的工程属性，包含产品物料清单(Bill of Matierial，BOM)、材料属性、工艺属性、加工制造要求等信息。

狭义的数字样机是指产品的数字化定义及对其行为的模拟。广义的数字样机技术不仅限于此，还包括对数字样机的全生命周期管理和综合应用，如：基于数字样机的制造技术，基于数字样机的并行协同技术，基于数字样机的服务等内容。本书所指的数字样机技术是广义层面的，它融合了产品数字化定义技术、数字仿真技术和数字化制造技术等，可应用于产品设计、加工制造和使用服务等产品全生命周期，是支持产品设计、仿真和工作流程控制、信息传递与共享的基础。

尽管很多文献分别对数字样机及其工程进行了介绍，而且这些介绍并没有原则性的差异，但完全明确的数字样机工程概念尚未查询到有公开报道，本书首次提出了数字样机工程的概念，它是指将数字样机技术应用于特定对象的工程化实施方法，涉及数字样机技术手段及其应用管理模式，结合工程产品特点和科研生产等管理模式，贯穿产品设计、制造、交付、使用的全生命周期。

数字样机工程以广义数字样机技术为核心，以工程应用为主线，旨在通过数字化产品定义、数字样机并行协同研制、数字样机仿真、数字样机管理、数字化制造及数字化产品服务六个方面的研究和实践，最终形成系统、完整的数字样机技术工程化实施标准规范体系。

（1）数字化产品定义

通过三维建模、基于模型的定义（Model Based on Definition，MBD）等技术，建立面向仿真和制造的数字样机，实现产品的几何表达、功能仿真基本属性描述、性能仿真基本属性描述和制造要求描述等。数字样机的内涵随着产品设计过程的推进，其成熟度不断增长。数字化产品定义是数字样机工程的基础，是数字样机仿真和数字化制造的前提。

（2）数字样机并行协同研制

数字样机并行协同研制是一种基于数字样机的并行工程（Concurrent Engineering，CE），使各个业务系统通过数字样机实现并行协同工作，支持设计、仿真、制造等业务基于数字样机的过程集成。在航空航天等领域，普遍采用集成产品开发（Integrated Product Development，IPD）项目管理模式，完成项目任务的计划、资源调配、组织管理等，数字样机并行协同研制是按照数字样机设计成熟度实现产品并行协同设计的过程。

（3）数字样机仿真

数字样机仿真是基于数字样机提供的几何信息及产品基本属性等信息开展的一系列仿真活动，涵盖了数字模装、装配仿真、流程仿真、CAE仿真和基于数字样机的飞行性能仿真等多个方面，主要是基于数字样机运用数字匹配技术、人机工程技术、流程规划技术、多种有限元计算方法和集成化仿真技术等实现对产品特定功能和性能的仿真，提前发现和解决潜在设计问题，从而降低实物生产成本和缩减产品研制周期。

（4）数字样机管理

数字样机管理是采用产品数据管理（Product Data Management，PDM）系统来管理数字样机及其相关的所有数据，包括产品的数字样机三维模型及其相关文档等，即按照数字样机技术规则对产品研制过程中包括概念设计、详细设计、工艺设计、加工制造、使用维护等整个生命周期内各阶段的相关数据及其关联关系加以定义、组织和管理，使其技术状态受控，并可追溯，保持产品数据在其生命周期内的一致性和关联性，实现基于权限控制的数据共享。

（5）数字化制造

数字化制造是基于数字样机技术实现制造数字化的过程，包括：三维工艺设计、加工工艺仿真、装配仿真、三维工装设计、数控加工、三维打印、自动化检测，以及基于BOM的制造过程信息管理等。

（6）数字化产品服务

数字样机应用于数字化产品服务，如：信息管理、训练和维修等，通过改善服务手段，提高服务效率，包括将数字样机应用于交互式电子技术手册，利用数字样机对各类技术资料进行组织与管理，可以使技术资料内容更加形象、直观、全面且易于接受，支撑三维展示、三维动画、虚拟维修、虚拟操作等；应用数字样机开展虚拟培训训练，可利用虚拟现实技术，通过定义数字样机交互属性和动作，创建交互式虚拟培训和训练项目，帮助相关人员快速理解产品的结构组成、使用过程，提升操作训练的培训效率。

1.2 数字样机工程发展历程

数字样机技术从 20 世纪 60 年代起步，发展到今天已逐渐成熟。20 世纪 70 年代，数字样机的概念还没有形成，主要是在计算机这一工具平台上进行图形的绘制和分析。至 20 世纪 80 年代，初步实现了在三维环境下进行产品几何建模，即三维建模，三维建模技术实现了产品外观显示和局部分析优化。此时的三维数字样机中包含了产品的几何、拓扑和特征等完整信息，但由于早期受计算机硬件技术的局限，在计算机中显示和编辑复杂三维产品整体模型是极其困难的。20 世纪 90 年代，才正式出现了数字样机的概念，它强调建立整个产品的全三维数字化模型，实现对复杂产品整体的显示和装配过程的模拟。此时的数字样机概念是在三维装配模型上添加了各类物理参数，来实现对产品的虚拟仿真分析，在一定程度上减少物理样机的研制和实物试验。20 世纪 90 年代末至今，数字样机概念的内涵不断延伸和发展，首先数字样机被推向面向产品的全生命周期，不仅仅是对产品设计阶段的数字化，而是贯穿了从产品的概念设计到产品使用全过程的集成应用；21 世纪以来，随着网络技术的发展，逐步形成了基于网络化的数字样机设计制造集成研制模式。

1.2.1 国外数字样机工程发展历程

20 世纪 80 年代后期，数字样机技术及其工程应用的快速发展进一步促进美国、欧洲、俄罗斯、日本等发达国家航空航天研制模式的转变，以波音、空客、洛克希德·马丁等为代表的一批航空巨头从数字样机工程发展中获得了巨大的竞争优势和经济收益，且目前仍处于良性的扩大发展态势中。如：B787 客机，在研制过程中采用基于模型的产品定义技术和统一数据源管理技术，构建了一套较为完整的数字化研制体系，实现了全球化设计制造协同，数字样机工程取得了巨大成功，在与空客的全球运输服务市场竞争中赢得了技术领先、成本降低和研制周期缩短的巨大优势。在这场至关重要的商业竞赛中，数字样机工程无疑发挥了决定性的关键作用。

波音公司是最早成功实施数字样机工程的大型国际公司，其标志为 B777 飞机的研制，300 万个零部件全部使用三维数字化表达，实现了基于三维的协调，开展了数字化装配验证和数字化工装定义，使工程更改减少了 90%。B787 更进一步建立了广域实时协同环境，在装配环境下进行上下关联设计，实现了数字化生产，开发成本减少了 50%。波音在战神航天运载工具和 C130 项目中，采用 MBD/MBI(基于模型的定义和作业指导书)技术，实现三维设计向三维工艺的转变，将三维产品设计和工艺信息直接向制造现场的工人传递，缩短装配时间 57%。

洛克希德·马丁公司为了完成 JSF 联合攻击战斗机项目，通过改组公司流程，以项目管理为主线，建立了全球 30 个国家 50 家公司参与研发的数字化协同平台，形成了可以支持协同设计、制造、测试、部署及跟踪 JSF 整个项目开发的无缝连接、紧密配合的全球虚拟联盟，实现了以数字化技术为研制基础的三种变型、四个军种的飞机设计与制造，设计时间减少 50%，制造时间减少 66%，工装减少 90%，分立零件减少 50%，设计制造维护成本减少 50%。

在数字样机技术应用中，波音、洛克希德·马丁和空客等全面采用数字化研制模式，具备了全生命周期产品数据管理和数字化协同研制能力。

由法国、英国、德国及西班牙联合研制的 A380 飞机，应用全数字化设计/制造/管理技术，建立了分布式产品描述的并行工程支持环境，使不同地区的人员在虚拟配置的 3D 环境中进行飞机设计。A380 研制的所有相关信息采用集成统一管理，总用户 6 000 人，响应时间小于 3 s。A380 客机协同研制平台实现了 4 个国家 4 种不同语言的异地、异构信息集成和并行协同工作，实现了研制周期比 A340 缩短 25%，成本减少 50%，利润增加 10%，乘员增加 50% 的目标，确保了 A380 的研制成功。

空中客车 A380 的案例，充分说明了数字样机工程的有效实施已成为完成复杂产品研制任务的最佳保障手段，成为现代航空制造业的共同选择。这些成功企业都具有共同的特点：一是构建了协同研发管理平台，实现基于数字样机的并行协同设计，建立了数字化、网络化、集成化的多级协同工作模式；二是利用基于数字样机的产品数据管理，满足多型号多批次并行的产品全生命周期数据管理需求；三是通过协同平台建立基于产品型谱关系的构型管理机制，适应了任务激增以及产品模块化、系列化快速研制的发展趋势；四是通过构建统一产品数据源，完成从制造商到系统集成商的转变，其发展历程如图 1-1 所示。

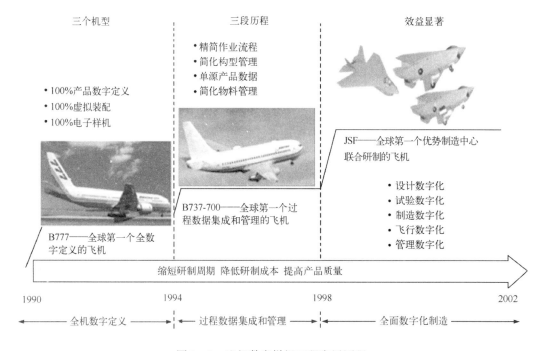

图 1-1　飞机数字样机工程发展历程

从上述案例中可以看出,波音、空客等领先企业基于为顾客创造价值的理念,全面采用了并行协同工程方法,通过统一的信息化管控平台,使业务流程显性化,不断优化管理流程,形成了面向产品全生命周期的以流程主导为纲的综合与协同管理能力,从而大幅提升了企业整体绩效。

1.2.2 国内数字样机工程发展历程

在国内,以中航工业西安飞机工业(集团)有限责任公司(简称西飞)、中航工业成都飞机工业(集团)有限责任公司(简称成飞)、中航工业沈阳飞机工业(集团)有限公司(简称沈飞)等为代表的航空企业,通过承接波音、空客等企业的分包项目,在 20 世纪 90 年代引进了数字样机相关技术,基本实现了数字化设计、制造与管理。经过十多年的持续改进,我国航空行业的研制能力有了大幅度提升,近几年,更是以月为单位上台阶,让关注热度持续上升。舰载战斗机、重型隐身战斗机、多用途战斗机、反潜巡逻机、大型军用运输机、武装直升机、无人机等装备产品陆续研制和试飞,成功的背后,体现的正是行业综合实力的积累与持续提升。

我国自主研制的某四代机,从立项到首飞,只用了三年半时间。航空研制部门完全采用基于 MBD 的全三维数字样机设计和无纸化出图。三维研制效果对比见表 1 - 1。

表 1 - 1 某四代机三维研制效果对比

对比项目	传统研制	三维研制
工艺预审查	白图 60 天	VPM 预审数模 17 天
正式审查	硫酸纸 30 天	9 天
工装工具设计	纸质 60 天	EBOM 发放 25 天
AO/FO(工艺编制)	纸质 14 个月	7 个月
PBOM 编制发放	分工表 45 天	在 EBOM 上重构 PBOM 3 天
指令性工艺文件	纸质 75 天	PDM 编发 15 天
累计制造误差	- 0.8 至 + 1.2	- 0.15 至 + 0.55
导管	取样 3 个月	数字化定义 1 个月

1.2.3 国内外数字样机工程相关标准

标准是技术知识的载体,是工业合作的前提,世界各国都十分重视标准的制定。波音通过 B777、B787 等机型的研制,逐步建立了相关标准,在基于模型定义的全球协同工作中,形成了 BDS - 600 系列标准,见表 1 - 2。

美国机械工程师协会(ASME)联合波音等制造企业共同发起关于数字化定义标准的起草工作,在波音公司标准基础上,于 2003 年 7 月形成了美国国标 ASME Y14.41—2003,并在 2009 年升级为 ISO 16792—2009 国际标准,因此 ASME Y14.41、ISO 16792 也被公认为数字样机产品数字化定义方面的基础标准。图 1 - 2 为数字样机产品定义标准的发展历程。

表 1 - 2 　波音公司数字化主要相关标准

标准代号	标准名称
BDS - 600	基于模型的定义——数据集的一般要求
BDS - 601	基于模型的定义——数据和模型的识别
BDS - 602	基于模型的定义——数据集修订
BDS - 610	基于模型的定义——缩略语、简称和定义
BDS - 622	基于模型的定义——CATIA V5
BDS - 624	基于模型的定义——EDS（UG）
BDS - 640	基于模型的定义——机加零件
BDS - 641	基于模型的定义——金属板料零件
BDS - 642	基于模型的定义——铸件和锻件
BDS - 644	基于模型的定义——夹层复合材料结构件
BDS - 647	基于模型的定义——管路弯曲数据集
BDS - 651	基于模型的定义——零件的另一种表示方法
BDS - 660	基于模型的定义——装配件
BDS - 662	基于模型的定义——束线装配/连接线和电缆装配
BDS - 680	基于模型的定义——标准零件建模要求

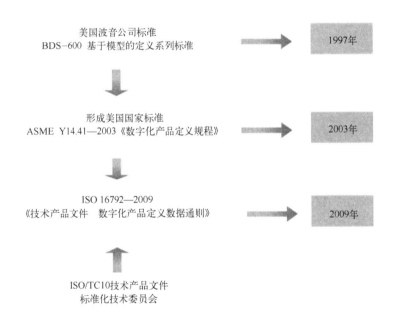

图 1 - 2 　数字样机产品定义标准的发展历程

　　我国于 2009 年引入 ISO 16792 标准，建立了 GB/T 24734—2009《技术产品文件　数字化产品定义数据通则》系列标准，共 11 部分。此后，于 2010 年，在总结自身数字化技术应用成果基础上，编制了数字化建模方面 6 项标准，开始走上了数字样机工程标准体系的发展道路。数字样机相关主要国家标准见表 1-3。

表 1-3　数字样机相关主要国家标准

序号	标准代号	标准名称
1	GB/T 24734.1	数字化产品定义数据通则——第 1 部分：术语和定义
2	GB/T 24734.2	数字化产品定义数据通则——第 2 部分：数据集识别与控制
3	GB/T 24734.3	数字化产品定义数据通则——第 3 部分：数据集要求
4	GB/T 24734.4	数字化产品定义数据通则——第 4 部分：设计模型要求
5	GB/T 24734.5	数字化产品定义数据通则——第 5 部分：产品定义数据通用要求
6	GB/T 24734.6	数字化产品定义数据通则——第 6 部分：几何建模特征规范
7	GB/T 24734.7	数字化产品定义数据通则——第 7 部分：注释要求
8	GB/T 24734.8	数字化产品定义数据通则——第 8 部分：模型数值与尺寸要求
9	GB/T 24734.9	数字化产品定义数据通则——第 9 部分：基准的应用
10	GB/T 24734.10	数字化产品定义数据通则——第 10 部分：几何公差的应用
11	GB/T 24734.11	数字化产品定义数据通则——第 11 部分：模型几何细节层级
12	GB/T 26099.1—2010	机械产品三维建模通用规则 第 1 部分：通用要求
13	GB/T 26099.2—2010	机械产品三维建模通用规则 第 2 部分：零件建模
14	GB/T 26099.3—2010	机械产品三维建模通用规则 第 3 部分：装配建模
15	GB/T 26099.4—2010	机械产品三维建模通用规则 第 4 部分：模型投影工程图
16	GB/T 26100—2010	机械产品数字样机通用要求
17	GB/T 26101—2010	机械产品虚拟装配通用技术要求

1.3　运载火箭数字样机工程发展历程

　　运载火箭数字样机技术的研究可以追溯到 20 世纪 90 年代初，在某预研课题中开始进行三维设计，但受计算机运行能力和技术发展制约，主要在产品局部范围建立三维数字样机和开展与强度有关的仿真分析技术研究。进入 21 世纪后，新一代运载火箭的立项研制对航天全面实施运载火箭数字样机工程提出了急迫的需求，以重大型号研制为依托，航天各主体研制单位针对基于数字样机的航天型号产品设计、验证、管理、生产模式的转型开展了探索和实践，逐步建立了型号数字样机工程体系，提升了专业快速设计与验证能力，打通了数字化设计制造研制链路，实现了全三维设计制造协同，建立了基于数字样机的设计制造集成研制模式。

1.3.1　运载火箭数字样机工程实施背景

运载火箭是一种自带推进剂，以火箭发动机产生推力飞行的飞行器，它从地球表面或空中将有效载荷送入空间轨道，按规模大小可分为小型、中型、大型和重型运载火箭，通常简称为火箭。

我国运载火箭起步于20世纪60年代，经过半个世纪的发展，研制了4代17种运载火箭，取得了举世瞩目的成就。长征运载火箭经历了从常温推进剂到低温推进剂、从末级一次启动到多次启动、从串联到并联、从一箭单星到一箭多星、从载物到载人的技术跨越，具备了发射低、中、高不同地球轨道不同类型卫星及载人飞船的能力，在飞型号近地轨道运载能力达到8.6吨、太阳同步轨道运载能力达到6.2吨、地球同步转移轨道运载能力达到5.5吨，入轨精度处于国际先进水平，能够满足不同用户的多种需求。新一代中型火箭CZ-7号于2016年首飞，并与2017年发射了我国第一艘货运飞船天舟一号，近地轨道运载能力提升到14.6吨；新一代大型火箭CZ-5号2016年首飞成功并投入使用后，近地轨道运载能力增达25吨、地球同步转移轨道运载能力达到14吨，使得我国进入空间能力达到世界一流。

截至2017年4月，我国长征系列运载火箭已发射236次，将315个航天器送入预定轨道。运载火箭技术的发展为航天技术提供了广阔的舞台，有力支撑了以"载人航天工程"、"北斗导航"和"月球探测工程"为代表的国家重大工程的成功实施，为中国航天的发展提供了强有力的支撑。

到目前为止，我国共完成了四代运载火箭研制：

CZ-1、CZ-2为第一代，第一代是由战略武器型号改进而来，具有明显的战略武器型号特点；解决我国运载火箭有无问题，运载能力等总体性能偏低；使用维护性差，靶场测试发射周期长；采用模拟控制系统。

CZ-2C系列、CZ-2D、CZ-3、CZ-2E为第二代，第二代仍然带有战略武器型号的痕迹，在第一代火箭的基础上进行了技术改进；第二代火箭以原始状态CZ-2C火箭为基础改进，一、二级与CZ-2C火箭基本相同；采用有毒推进剂(四氧化二氮和偏二甲肼)或部分采用低温推进剂；采用了数字控制系统。

CZ-2F、CZ-3A系列、CZ-4系列为第三代，第三代在第二代基础上，持续开展可靠性增长和技术改进，采用系统级冗余的数字控制系统；增加了三子级，任务适应能力大大提高；为满足载人航天任务需求，增加了故检逃逸系统，其任务可靠性大大提高；简化了发射场测发流程，使用维护性能得到了提高。

CZ-5、CZ-6、CZ-7等为第四代，也称为新一代运载火箭，第四代采用无毒无污染推进剂，环境友好；采用全箭统一总线技术和先进的电气设备；最大运载能力得到了大幅提升。

新一代运载火箭的研制过程，大量采用新技术，其复杂度、集成度均发生了质的变化，产品复杂程度高。

以新一代运载火箭长征五号、长征七号为例，相比传统型号，长征五号首次使用 5 m 直径芯级和 3.35 m 直径助推器，长征七号首次冗余增压输送系统、新型活动发射平台，全箭零部件种类高达一万以上，零部件数量超四万。新一代运载火箭除了自身研制技术难度更大、涉及面更广以外，新火箭的设计与天津新生产基地的建设、海南新发射场的建设同步进行，主要参研单位分布在多个地区，如图 1 − 3 所示。依靠经验设计、实物试验的传统研制方式和依靠人工调度协调、串行工作的传统管理模式无法适应新一代运载火箭技术难度高、试验周期短、参研单位多、协调成本大的新常态，采取数字化研制模式，研究和应用运载火箭数字样机工程技术成为保证新一代运载火箭研制成功的重要手段。

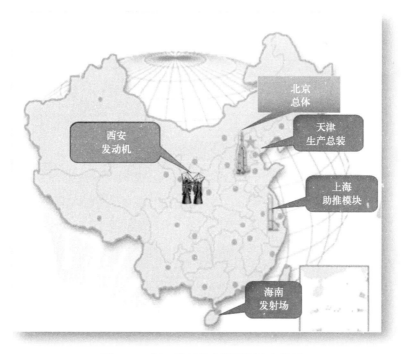

图 1 − 3 新一代运载火箭研制分布简图

1.3.2 运载火箭数字样机工程内涵

运载火箭数字样机工程是将数字样机技术应用于运载火箭研制全过程的工程化实施方法，以打造"数字火箭"为愿景，以"设计数字化、模装数字化、试验预示化、生产自动化、管理信息化"为目标，通过持续改进，建立基于 MBD 的数字化产品定义方法，实现以数字样机仿真为手段提前开展设计优化，同时构建总体与分系统、设计与制造、设计与试验的数字样机并行设计协同工作环境，形成基于数字样机的并行协同工作模式，打破部门界限，增强专业之间的协作关系，将传统分散串行协调的管理模式，演变为以任务为牵引的并行式、柔性化的敏捷管理模式，实现设计制造数字化集成研制。

运载火箭数字样机工程以数字样机为核心，与数字样机协同研制平台、质量保证体系、标准规范体系共同组成一个完整的数字样机工程体系，如图 1 - 4 所示。通过将数字样机设计与仿真技术、先进的产品数据管理（PDM）方法与传统研制流程融合，推动研制模式创新，实现研制质量和效率的提升，数字样机工程的实施过程也可以统称为产品研制的"数字化"过程。

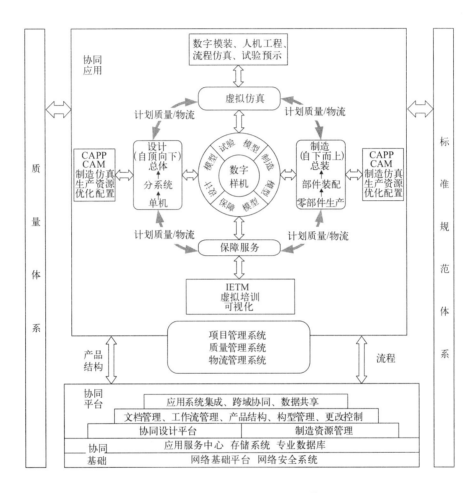

图 1 - 4　运载火箭数字样机工程体系

运载火箭数字样机工程包含以下五方面内容：

（1）数字样机设计技术体系

运载火箭数字样机设计采用 MBD 技术，依据运载火箭特有的专业设计规则和经验，形成数字样机设计标准，将设计方法、知识、经验融入数字样机设计模板和设计规则库，开发运载火箭数字样机快速设计系统，实现面向制造、面向仿真、面向服务的数字样机规范化建模，建立完整的运载火箭数字样机数据集。

（2）基于数字样机的并行协同流程

运载火箭研制是一项系统工程，依据以钱学森为代表的老一代航天奠基人确立的系统工程理念，总体与分系统设计需要经过自顶向下的设计分解和自底向上的产品集成验证才能实现大型复杂产品的成功研制，在传统模式下这一过程主要依靠纸质设计文件传递和实物验证来实现。在数字样机工程研制模式下，总体与分系统之间可以基于产品数字样机这一统一数据源开展并行协同设计建模、仿真、协调，可以在实物生产前利用数字样机进行充分的虚拟验证，增强了协同效率，缩短了迭代周期。在设计与制造的协同环节，依据运载火箭结构设计特点制定基于数字样机设计成熟度的协同规则及流程，提前开展工艺准备、工装准备和物资准备，为缩短型号研制周期奠定坚实基础。

(3)数字样机仿真试验体系

运载火箭数字样机工程中，充分利用火箭数字样机构建面向全生命周期的仿真试验体系，为全面分析火箭的功能和性能提供了新的有效手段。从概念数字样机设计到发射服务，围绕数字样机开展仿真试验分析，实现面向设计优化的数字模装、有限元分析、人机工程仿真，面向试验的大型地面试验流程仿真、数字合练、试验预示，面向制造的工艺仿真、虚拟装配，面向培训服务的虚拟维修仿真，在不消耗现实资源和能量的前提下，有效支撑运载产品全生命周期的高效研制。

(4)数字样机质量保证体系

数字样机质量保证以产品数据管理为核心，制定数字样机工程质量保证体系，包括：数字样机质量验收方法，基于 PDM 系统的数字样机技术状态管理方法等。在 PDM 系统中实现数字样机相关数据的审签、更改、偏离、借用等技术状态控制，建立数字样机不同阶段状态基线，实现数字样机相关数据的有效管控和可追溯。

(5)数字化标准体系

基于数字样机构建及应用形成的数字化标准的编制过程不同于传统的标准编制模式，采用"标准先行，实践检验，不断完善"的方式，以规范数字样机设计与应用为主线，以注重实践和应用为原则，在总结多个型号工程应用经验的基础上，最终形成涵盖通用基础、数字化设计、数字化仿真、数字化生产、数字化管理、数字化服务六大方面的数字化技术标准体系框架，如图 1-5 所示。

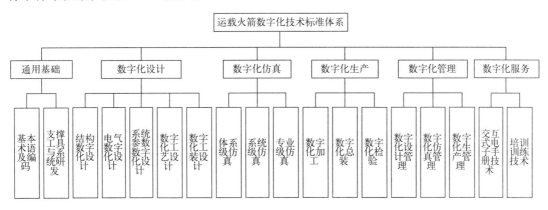

图 1-5 运载火箭数字化技术标准体系框架

1.3.3   运载火箭数字样机工程实施历程

运载火箭数字样机工程的实施始于 2006 年，我国新一代大型运载火箭长征五号正式立项，型号设置了专职数字化队伍，颁布了数字化设计大纲，正式启动了新一代运载火箭的数字化研制；2009 年，长征五号突破了数字样机自顶向下设计技术，完成方案阶段数字样机下线，标志着数字模装技术成功应用于型号；2010 年，长征五号开始初样设计，启动了助推设计工艺协同三维标注试点工作，突破典型部段三维全标注技术；同年，长征七号运载火箭开展了全生命周期数字化工作策划，以打造"数字火箭"为己任，提出了"设计数字化、模装数字化、试验预示化、生产自动化、管理信息化"的五化工作目标，首次将数字样机验收工作纳入型号研制流程，成为运载火箭数字样机进入工程化研制的重要标志；2011 年，长征七号进入初样阶段，型号组建了设计、工艺、物流等人员组成的集成产品组织（Integrated Product Team，IPT），全型号取消二维图样，实现完整标注的三维模型下厂，完成初样数字样机构建；2012 年，完成 PDM 系统的建设，实现型号数字样机三维模型技术状态的有效管控，突破基于数字样机的工艺设计技术，实现全箭零部件基于数字样机三维模型的工艺设计、加工生产及总装，标志着设计制造数字化流程的全面贯通。2013 年，长征十一号固体运载火箭继承了已有成果，进一步完善了 IPT 流程，实现了全箭三维下厂。与此同时，以长征七号为代表的装配仿真、流程仿真、人机工程仿真，包括发射场数字合练、大型地面试验流程仿真、全箭可维修性仿真等工作，突破数字样机仿真技术，基于数字样机的仿真全面应用于型号研制，为优化设计和提升设计质量发挥了重要作用。2014 年，攻克基于 MBD 的三维标注技术，在长征七号试样阶段实现部分结构基于 MBD 的三维标注下厂；2015 年，某型号在继承已有经验的基础上，进一步优化 IPT 协同工作模式，全面实施基于 MBD 的三维标注方法，标志着运载火箭数字样机技术的全面应用。2016 年，突破数字样机三维轻量化技术，在各型号产品服务阶段，大力推广基于数字样机的培训。运载火箭数字样机工程的实施历程如图 1 - 6 所示。研制队伍通过十年的工程实践，通过不断总结，形成了面向大型运载火箭的数字化设计流程以及支撑数字化研制模式的标准规范体系，运载火箭数字样机工程得到全面实施，运载火箭数字化研制模式基本形成。

经过持续的型号实践，数字样机各相关技术得到全面突破，设计单位、试验单位对数字样机技术的应用水平显著提升，生产单位对数字样机的接受程度显著改变，对生产的积极作用已日益凸显，面向产品的运载火箭全寿命周期数字化定义已经实现，数字样机工程已经从设计环节向下游的试验、制造、服务等环节延伸，基于数字样机的协同研制特别是自顶向下的协同、不同专业的协同、设计与工艺的协同、研发体系与管理体系的融合等已获得广泛认同，运载火箭数字样机工程实施已取得显著成效，运载火箭数字化研制模式已经建立，对推动我国运载火箭研制能力的提升发挥了重要作用。

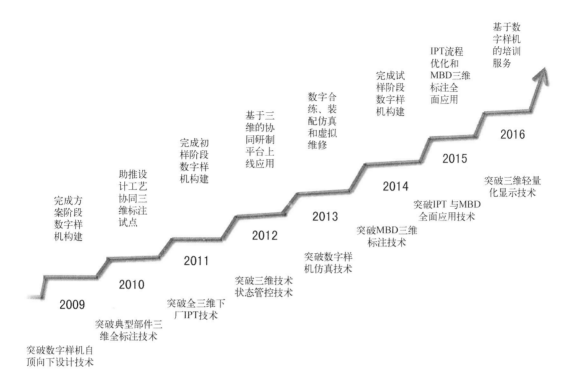

图 1-6 运载火箭数字样机工程的实施历程

第2章　数字样机并行协同设计

国际一流宇航公司大量产品研发成功经验已充分证明，采用基于数字样机技术的并行工程，能够让企业以更短的时间研制并交付出高质量、低成本、高用户满意度的产品。本章重点阐述并行工程的概念和并行协同设计发展历程，以及我国新一代运载火箭系列型号通过探索与实践，成功实施的数字样机并行协同设计模式、设计方法和设计流程。

2.1　IPT 并行协同概念

并行工程自20世纪80年代提出以来，已成为全球各大企业特别是复杂产品制造业的基本产品开发模式。1988年美国国防高级研究计划局（DARPA）给出的并行工程概念，即"并行工程是集成地、并行地对产品及下游的生产制造及支持过程进行设计"的系统方法，这种方法要求产品开发人员一开始就考虑产品整个生命周期中从概念形成到产品报废的所有因素，包括质量、成本、进度计划和用户要求。并行工程的目标是提高质量、降低成本、缩短产品开发周期和产品上市时间。具体做法是：在产品开发初期，组织多专业协同工作的项目组，使有关人员能够及早获得对新产品的需求信息，并将需求提供给设计人员，使许多问题在开发早期就得到解决，从而保证设计质量，避免大量返工，减少研制成本，缩短研制周期。

并行工程有两个重要的特征：

1）并行交叉。强调产品设计与工艺过程设计、生产技术准备、采购、生产等种种活动并行交叉进行。并行交叉有两种形式：一是按部件并行交叉，即将一个产品分成若干个部件，使各部件能并行交叉进行设计开发；二是对单个部件，可以使产品设计、工艺设计、生产技术准备、采购、生产等各种活动尽最大可能交叉进行。并行工程强调各种活动并行交叉，并不是也不可能违反产品开发过程必要的逻辑顺序和规律，不能取消或越过任何一个必经的阶段，而是在充分细分各种活动的基础上，找出各子活动之间的逻辑关系，将可以并行交叉的子活动尽量并行交叉进行。

2）尽早开始工作。根据传统观念，人们认为只有等到所有产品设计图纸全部完成以后才能进行工艺设计工作，所有工艺设计图完成后才能进行生产技术准备和采购，生产技术准备和采购完成后才能进行生产。并行工程为了争取时间，强调将各有关活动细化后进行并行交叉，因此很多工作是在传统观念认为信息不完备的情况下进行的。

20世纪40年代，臭鼬工厂是最早践行并行工程理念的团队，在没有先进计算机系统的条件下，他们利用23名工程师、103位制造工人，采用高度集中的集成产品组织（Integrated Product Team，IPT），从接受任务到首飞139天，完成了世界上第一架喷气式战斗机的设计与制造。他们的成功经验被总结为著名的 14 条，其中最突出的三点是：简化项目、集中资金和封闭式管理。从这次成功开始，IPT 作为并行工程的核心工具，受到了工程界的高度重视。

20 世纪 80 年代以前，并行工程在中国计划经济时代就有了很多的成功范例，如：石油勘探、"两弹"研制等航天工程，只是当时没有数字样机技术这样的先进基础技术手段支持。

1988 年，美国国防高级研究计划局组织了一个并行工程研究会，制定了长期的并行工程研究计划，对并行工程的技术和方法进行了全面研究。同年，美国国防防御分析研究院在《并行工程在武器系统采办中的作用》研究报告中，完整定义了并行工程的概念，总结了并行工程在实际应用中所发挥的作用，并阐述了并行工程在武器装备采办中的重要性。

1989 年，美国国防部接受了并行工程的概念，并在国防采办系统中大力推广，随后又在并行工程思想的基础上，提出了集成产品开发方法（Integrated Product Development，IPD），并制定了一系列指导性文件，有计划、成系统地在国防采办系统中推行该方法。IPT 作为一种集成产品的组织方式，是将产品从方案设计到生产以至服务的所有活动集成起来的一种管理方法，能够同时优化产品及其制造、使用和服务过程，发挥积极有效的作用，使复杂产品研制快速满足费用和性能指标要求。

自 1990 年开始，波音公司较早应用了并行工程并取得了显著成效。在波音 777 新型飞机的研制中开始尝试并行工程，把过去的串行研制流程变成并行研制流程，先后组织了 238 个设计 - 生产协同小组，强调所有小组的成员必须在同一个地方办公，注重从设计开始把可靠性、维修性都设计到产品中去，以减少设计更改和缩短研制周期，达到提高质量、降低成本的目的，结果波音 777 的研制周期比波音 767 几乎缩短了 50%，设计更改和返工率减少 50%，装配时出现的问题数量减少 50% ~80%，在市场竞争中取得了巨大成功。

图 2 - 1 所示为波音 777 -41 某舱段 IPT 团队组成情况。

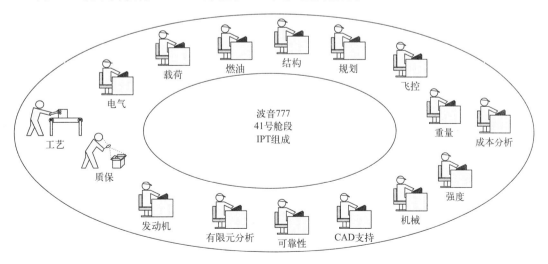

图 2 - 1　波音 777 某舱段 IPT 团队组成情况

20 世纪 90 年代中期，我国航空制造企业通过承担国际外包业务，引进了国外航空制造企业的并行工程及 IPT 方法，以波音 737 – 700 垂直尾翼转包生产为例，研制周期缩短 3 个月，节约工装引进费用 370 万美元，减少样板 1 165 块，合计人民币 50 万元；减少标工、二类工装 23 项，合计人民币 125 万元；减少过渡模 136 项，合计人民币 68 万元；提高数控编程速度 4 ~ 6 倍，减少数控零件试切时间 40%，工艺设计效率提高 1.5 倍。图 2 – 2 为国内某航空制造企业推行的并行协同设计流程。

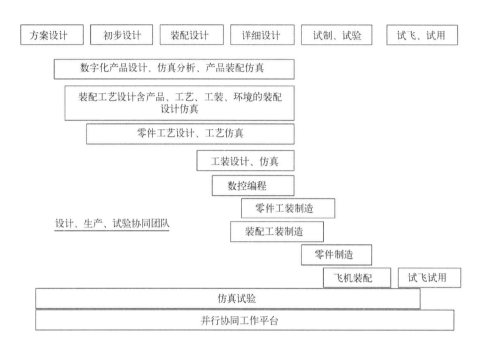

图 2 – 2　并行协同设计流程

从 2008 年开始，我国运载火箭研制也开始推行 IPT 工作方法，除了充分利用原有管理理念，还充分运用 CAD、CAM、CAPP、PDM 等先进技术，将原来分散进行的运载火箭研制工作在时间和空间上交叉、重叠，突破了并行工程中的最关键技术——面向制造与装配的数字样机并行协同设计技术，获得了良好的效益。

2.2　IPT 并行协同工作模式

运载火箭型号研制是一个任务量大、周期长、涉及专业领域广的系统工程。运载火箭产品是由多个分系统组成的复杂产品，一般包括总体、动力分系统、箭体结构、控制分系统、测量分系统、总控分系统、发射支持分系统等。运载火箭产品设计存在不同专业分工和产品层次（如图 2 – 3 所示），相互之间存在较复杂的设计输入、输出关系，即设计条件的传递、接收关系。

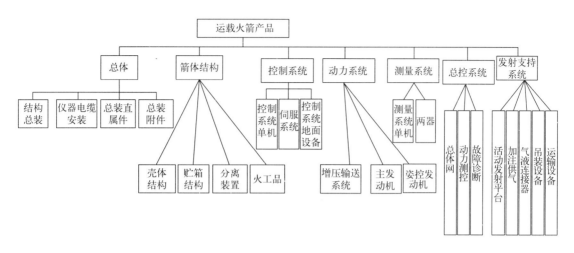

图 2 - 3　运载火箭产品系统组成

由于运载火箭产品越来越复杂，涉及的研制单位越来越多，设计与制造分散，下游对上游需求变化反应慢、信息传递不畅等问题日益突出。采用 IPT 并行工作模式，可以将各研制单位的相关人员在一段时间内集中起来，使得大部分设计问题在 IPT 中得到解决，同时在设计阶段就考虑制造、材料、质量、保障等方面的问题，建立包含全部产品信息的统一数据源，所有人员按权限共享，及时交流信息，避免信息不一致，从而加快产品的设计过程。

图 2 - 4 为一个简要的设计制造 IPT 并行协同过程，反映了火箭研制过程中的设计 - 制造协同链路，主要包括产品设计、工艺设计、工装设计、产品生产、产品检验五个阶段。其中，产品设计阶段描述了设计的主要活动和涉及的相关要素，是建立协同设计模

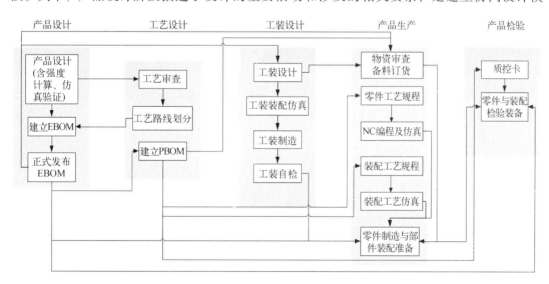

图 2 - 4　设计制造 IPT 并行协同过程

型、实现协同研制的重要环节。核心活动是采用三维建模的方式完成产品详细设计，在此过程中工艺人员提前介入，与设计人员共同讨论产品实现途径，从而保证产品的可制造性问题在早期得到解决。传统上先完成设计下厂、再开展工艺审查和划分工艺路线、最后制定备料计划的串行设计方式已被并行的协同设计所取代。产品设计和产品生产同步进行，物资部门提前介入，完成物资审查、备料订货，配合工艺部门最终完成零件工艺规程、NC 编程及仿真、装配工艺规程、装配工艺仿真、零件制造与部件装配准备。产品检验阶段是确定产品质量是否满足设计要求的阶段，检验部门通过提前准备检验工具、制定检验方案等，有效提高了协同研制中产品质量检验效率。

2.2.1　IPT 协同环境

　　IPT 工作的开展需要场地、硬件、软件等方面的环境保障。首先，在场地方面，采用集中协同的工作环境可以保障 IPT 成员的充分沟通；其次，在硬件方面，通常采取统一的客户端计算机配置，并由专业人员进行现场技术支持和设备维护；第三，在软件方面，建立统一的协同工作平台，支持数据共享，与此同时，使用统一版本的设计和仿真软件，支持数据无缝传递。图 2 - 5 所示为 IPT 协同环境。

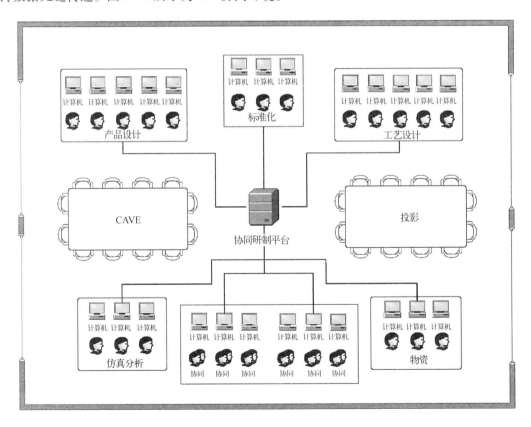

图 2 - 5　IPT 协同环境

2.2.2　IPT 组织机构

我国航天研制经过几十年的发展，已形成具有自身特色的组织体系，最典型的是型号研制的行政指挥体系和技术指挥体系的双线矩阵模式。近年来，为适应航天产品快速研制发展的需求，建立了由三个层次构成的 IPT 组织模式，最高层由各职能部门负责人和技术负责人组成，管理进度、计划和人力资源，分别为领导组、管理组、调度组、技术组；第二层由主要设计部门负责人、产品小组代表构成，涉及箭体、管路、总装等部门，定期举行例会；第三层由各部门工作人员构成，不同专业的人员在同一组织架构下开展并行协同产品研制，如图 2－6 所示。

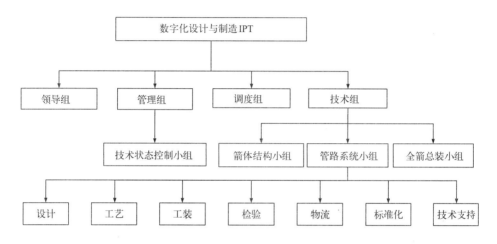

图 2－6　IPT 组织形式

IPT 成员由各参与单位的技术人员组成，包括设计师、性能仿真分析师、工艺师、工艺仿真师、工装设计师、检验人员、标准化师、物资人员、数字化技术支持人员等，组长一般由行政指挥或技术负责人担任，可根据产品集成开发组的层次及所处阶段的不同变换。在方案设计阶段，IPT 组长可以是型号总指挥，便于设计、制造和保障的并行工作协调及人、财、物资的统一指挥调度。在设计阶段，产品或设备级的 IPT 小组组长可由设计负责人担任，生产阶段则可由工艺(或总装)负责人担任，IPT 的成员也可在不同阶段根据工作需要进行适当调整，各成员职责见表 2－1。

表 2－1　IPT 成员职责

序号	角色	职责
1	设计师	负责产品设计
2	性能仿真分析师	负责产品性能仿真分析
3	工艺师	负责工艺路线划分，工艺审查，详细工艺规程编制，数控编程
4	工艺仿真师	负责产品制造工艺仿真分析

续表

序号	角色	职责
5	工装设计师	负责工装设计、工装设计仿真分析
6	检验人员	负责质控卡编制
7	标准化师	负责标准化审查
8	物资人员	负责物资审查、备料订货
9	数字化技术支持人员	负责数字化技术方案研究、制定及现场实施指导

2.2.3　IPT 实施方案

IPT 实施是一个集成过程，具体表现如下。

（1）组织集成

IPT 成员来自产品研制各个专业，通过组建 IPT，形成一个高效率、集成化的组织，充分考虑成员之间技能差异的条件下，进行成员与工作之间的最佳匹配，实现专业互补、知识互补、技能互补、职责互补、创新互补，致力于共同的绩效目标，共同完成产品开发，共同承担责任。

（2）功能集成

功能集成是 IPT 与传统职能式组织模式的主要区别之一。传统职能式组织的功能是单一的，它仅仅是完成产品开发活动中的某一项功能，如产品设计部门仅仅是完成产品的设计工作，而 IPT 集产品开发活动各项功能于一身，把与产品开发周期有关的各个过程，包括产品设计、工艺、制造、试验等各个环节集成起来进行，开发团队所完成的功能是多元化和互补的。

（3）过程集成

IPT 过程集成主要表现在工作环节间的并行和融合。IPT 应用并行工程思想，把传统串行流程并行化，使下游工作尽量提前与上游工作同时开展，同时又把关联环节融合在一起进行，产品设计人员同时考虑制造工艺设计方案，制造工艺人员也同时为设计改进与优化出谋划策。

（4）环境集成

IPT 过程需要有一个集成的协同工作环境支撑，以满足不同专业、部门和工作环节间信息的共享、传递、处理、反馈等协作需要。集成环境按时间集成、空间集成、数据集成、工具集成、流程集成、管理集成分为不同的层次，按照集成方法的不同，其效率存在着较大差异。目前，利用计算机、数据库、多媒体、网络等技术，跨地域进行 CAD、CAE、CAM 等系统融合成为现实，IPT 环境集成支撑技术已经成熟，进一步推动了 IPT 理念的实施。

运载火箭 IPT 的实施是通过集成的工作方式，把传统的先设计后工艺再制造转变为设计、工艺、制造同时进行，一旦条件具备，即启动下一步工作，如图 2 - 7 所示。利用并行减少等待所造成的时间和资源浪费，最大限度提高工作效率。在设计阶段末期不仅输出设计图纸，与设计方案相配套的制造工艺设计、装配工艺设计、工装设计、生产准备文档、使用维护文档等也可全部形成，甚至部分具备条件的零部件已制造完成，如图 2 - 8 所示。

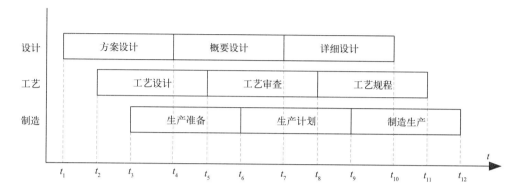

图 2 - 7　设计工艺与制造 IPT 的并行过程

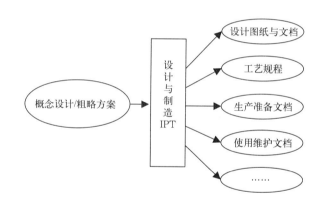

图 2 - 8　设计与制造 IPT 的并行输出

概括来说，运载火箭 IPT 是对产品设计及其相关过程（包括制造过程和支持过程）进行并行一体化设计的一种系统工程方法，在产品设计的同时并发地进行工艺设计、工装设计、物资备料、制造生产等传统研制模式下比较靠后的一些工作，利用一体化共同设计达到提高设计效率、保证设计质量、节省资源、降低成本、缩短产品研制周期和提升型号研制经济效益的目标。

2. 2. 4　IPT 协同方法

运载火箭数字样机 IPT 并行协同设计是一个系统间相互协调和迭代循环，使产品设计逐步成熟的过程。在这一过程中，对产品设计完成的程度的定量化描述，一般是以数字样机设计成熟度来定义的。

数字样机设计成熟度反映了数字样机从开始设计到最终受控发放技术状态的完善程

度，主要用于设计与设计、设计与制造间的并行协同。协同目标可以制定为在指定部段设计模型、图纸、文件等正式下厂前，完成全部设计、工艺、工装、物资的协调和详细设计，解决所有不协调问题，达到产品最优设计。同时在 IPT 启动前应提前规划协同周期，成熟度可作为细化工作计划的依据，成熟度 M1 到 M5 时间分配推荐为：M1 占 5%，M2 占30%，M3 占 30%，M4 占 30%，M5 占 5%。

在运载火箭 IPT 协同研制过程中，一般将三维模型设计过程划分为 5 个阶段，由低到高依次标识为 M1 到 M5，见图 2 - 9。

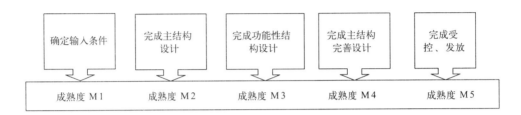

图 2 - 9　数字样机设计成熟度划分

在协同过程中成熟度从 M1 到 M5 逐级提升，实施过程中需遵循两个原则：1）串行升级原则。上一级成熟度未完成时，原则上，不允许开展下一级成熟度相关工作。成熟度提升时，一般需要对照工作内容进行确认，填写确认表并完成签字。按照数据可控的原则，M2、M3、M4 阶段数字样机，均应在 PDM 中进行受控。2）降级审批原则。原则上，不允许成熟度等级下降，但如遇特殊情况，如设计要求变化，则允许进行成熟度等级下降。成熟度等级下降，技术上需经过各方讨论认可，并由技术负责人批准后实施。降级前，数字样机应在 PDM 中进行受控。

在整个协同环节中，设计制造协同是整个工程中对研制周期和产品质量影响极为重要的环节。运载火箭按照数字样机成熟度，进一步细化协同流程，最终从协同内容到角色分工进行完整详细的成熟度定义，如图 2 - 10 所示。

三维设计的成熟度，主要划分为五级：M1 完成设计输入条件和明确工艺禁忌，梳理已有工装和物资选型范围；M2 完成主结构设计，工艺开始介入；M3 完成功能性结构设计和主结构完善，工艺初步设计，工装设计启动，物资备料启动；M4 完成产品设计、工艺、检验、工装设计，物资备料方案；M5 各方完成技术状态受控。在五级成熟度提升过程中，设计工艺各方持续紧密协同，共同完成各自相关工作。

（1）M1 阶段

参与人员：主管设计、主管工艺、主管物资的人员。

工作内容：主管设计，梳理输入条件，包括总体对其发布的设计要求，设计中将使用到的(齐套)三维模型。主管工艺，梳理工艺禁忌、已有工装，提供主管设计作为设计约束。主管物流，梳理物资选型范围及库存、采购周期等说明文件，提供主管设计作为设计约束。

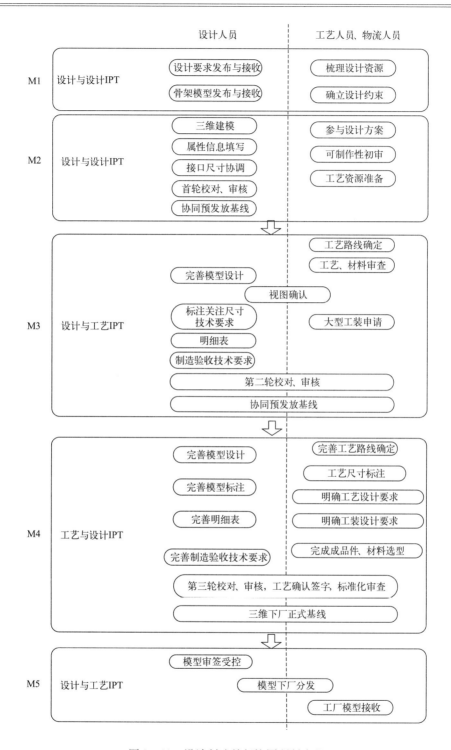

图 2 - 10　设计制造并行协同研制流程

提交成果：主管设计形成输入条件清单报告。主管工艺形成工艺禁忌、已有工装报告。主管物资形成物资说明文件报告。报告受控并提交 IPT 项目组作为考核点。

（2）M2 阶段

参与人员：主管设计、主管工艺、主管物资的人员。

工作内容：主管设计，完成主结构设计和装配。具体包括：对于壳段产品，明确壳段高度、直径、中间框高度、壁板形式、端框形式等；对于贮箱产品，明确贮箱长度、筒段长度及壁板数量、直径，叉形环结构等。对于复杂长周期零件，协同工艺、物流完成初步设计和充分的技术交底。完成主结构设计审查。完成主结构强度分析。完成主结构的装配仿真验证。

主管工艺：了解设计状态及方案，参与设计方案的制定，完成主结构工艺路线划分、工艺审查；完成对主结构的制造性、装配性、加工性和维护性分析；完成工装核对工作，如缺则需提出所需工装。

主管物资：完成主结构物资审查；完成长周期零件物资审查。

提交成果：设计完成主结构设计审查。工艺完成主结构工艺审查、提出所缺工装。物资完成主结构物资审查。

（3）M3 阶段

参与人员：主管设计、主管工艺、主管物资的人员。

工作内容：主管设计，对于结构部段，完成功能性结构详细设计和装配。对于壳段产品，包括设备支架、仪器电缆支架、管路支架、口框、口盖、整流罩等。对于贮箱产品，包括仪器电缆支架、管路支架、消漩/消能/防晃装置、整流罩、法兰等。完成功能性结构设计和装配后，对主结构进行适应性完善设计，一般包括局部铆接关系调整等内容。

主管工艺：在 M2 阶段已确定技术状态基础上，完成主结构工艺详细设计，完成主结构工装详细设计。参与功能性结构设计方案制定，完成功能性结构工艺路线划分、工艺审查。完成复杂长周期零件详细工艺设计。

主管物资：完成功能性结构物资审查。

提交成果：设计完成功能性结构设计和主结构完善。工艺完成主结构工艺和工装设计，完成功能性结构工艺审查。物资完成功能性结构物资审查。

（4）M4 阶段

参与人员：主管设计、主管工艺、主管物资的人员。

工作内容：设计完成功能性结构设计完善、明细表、验收制造技术要求等配套文件。工艺完成工艺和工装最终设计。物资完成物资备料最终方案。

提交成果：明细表、验收制造技术要求等，工艺文件和工装模型，物资备料方案。

（5）M5 阶段

参与人员：主管设计、主管工艺、主管物资的人员。

工作内容：设计完成设计模型和技术文件的审批受控和发放下厂。工艺完成工艺和工装设计文件受控。物资完成物资备料文件受控。

提交成果：受控的设计模型、技术文件、工艺文件和工装模型、物资备料清单。

从型号实践的结果来看，图 2 - 10 给出的流程不仅可以作为设计制造协同的依据，也可以是 IPT 研制计划编制、实施和考核的依据。

2.3　设计与设计的 IPT 协同

IPT 协同工作中，总体与分系统的设计协同基于数字样机开展。通常分为自顶向下协同设计过程和自下而上协同验证过程。

总体的性能指标和要求向下级分系统或功能单元逐级分解、落实，通过底层产品的设计、制造和试验验证向上一级进行集成，一般称为运载火箭开发的"V"字形模式。型号数字化设计也遵循相同"V"字形模式，如图 2 - 11 所示。在产品数据管理平台基础上，从总体设计及骨架模型，到分系统设计及骨架模型，再到单机数字样机设计的流程，采用 MBD 技术与知识工程结合方式，完成自顶向下设计。单机数字样机齐套后，采用数字模装技术、虚拟现实技术和流程仿真技术，完成自下而上的设计验证过程。

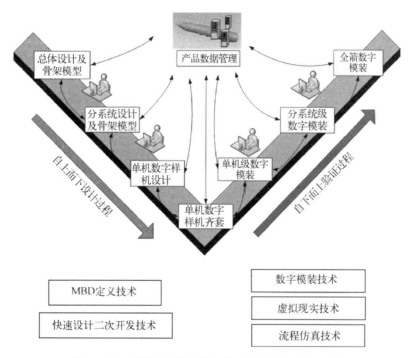

图 2 - 11　运载火箭数字样机产品"V"字形设计流程

2.3.1　自顶向下协同设计

（1）基本概念

自顶向下（Top - down）设计的中心思想，即产品设计是从总体原理布局、总体装配、部件结构到部件零件的一种自上而下、逐步细化的设计过程。

自顶向下设计是一种高效率的设计过程，该设计方法是从产品功能概念设计开始的，它主要用于处理装配件的设计工作，利用它能够有效地把握设计意图，使产品结构清晰，便于在各个子装配体之间迅速可靠地传递设计信息，达到信息共享的目的。

自顶向下设计方法能够适应复杂系统产品的设计需求，从产品结构的顶层，向下给所有被影响的子系统组织传递关键的设计信息、设计约束和设计标准，保证设计意图的一致性；同时，自顶向下设计也是一个管理过程，它支持并行设计和数据共享，保证整体数据和约束信息的关联性，能够在顶层实现对更改的控制，实现设计信息的高效沟通和管理，减少产品更改所需要的时间、资源和金钱，让复杂的设计处理变得简单。由于其符合国内外大部分机械产品数字化设计流程，所以在机械数字化设计和制造领域得到广泛的应用。

航天产品的设计流程是先确定整体基本参数，然后确定整体总布局、部件总布局，最后是进行零件设计，这个过程恰好就是自顶向下设计的过程。所以自顶向下设计是最适合我国航天产品数字化设计的方法。通过自顶向下设计，具有输入输出关系的各系统、各专业、各单位之间可以自上而下地传递设计意图（直到最底层的零件和图纸），保证各系统及系统内部设计的一致性。基于设计数据管理平台能够实现以同一套产品数据和统一的设计标准作为所有产品设计的基础，并通过实时的协同极大地促进设计过程中各方的沟通，保证整个组织团队能够协同、快速并高效地完成产品设计协调。

运载火箭自顶向下设计方法，是先建立产品总体设计信息放在总配置的高层，即建立总成骨架和总成布局参数，然后分解部件的总体设计信息，在总成骨架中发布针对各个部件的几何，再将各部件发布几何信息传递到下游的相应部件总成结构中去。这样，当总体设计信息发生改变时，部件总成及相应零件可以关联修改，并且相关部件会分解给多位工程师完成部件级别设计，从而实现了整箭的并行设计。

（2）骨架模型的作用

数字样机自顶向下设计的核心就是按产品结构树层次将设计条件自上而下地进行发布传递、各层对相应设计条件进行接收。为了规范设计条件的发布和接收，通过骨架模型来建立和管理设计条件，不同级别的设计条件分别建立到不同层次的骨架模型里。骨架模型是一种特殊的零件模型，通过接收上一级装配的设计信息、发布下一级装配或零件设计所需的共享数据和参考数据，完成设计条件的传递和发布。所需要传递的设计意图、设计参考、设计信息（如：接口定位、表面轮廓、装配参考、形状尺寸等）均反映在骨架模型中，它始终是装配结构树中的第一零件，在自顶向下设计中骨架模型是各层次产品沟通的中央渠道。

图2-12所示为运载火箭产品骨架模型逐级传递示意图。总体设计师进行顶层总体布局，建立顶层产品骨架模型，传递到各个子级骨架。总体设计师进行各子级布局设计，建立子级骨架模型，发布给各部段或分系统产品设计。分系统设计师进行各部段或系统产品布局设计，建立相应的骨架模型，接收子级骨架模型发布的几何信息。根据设计需要，还可以将骨架模型发布给下层产品。

通过顶层总体骨架控制各子级、各部段或分系统产品骨架，将各级总体骨架中的设计条件通过发布几何分别发布给下一级系统或直接相关的下层产品，实现自顶向下的设计。当某产品的设计条件发生更改时，该产品设计师更新骨架模型中的发布几何，下一级产品

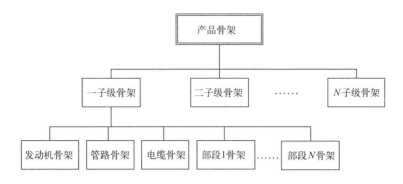

图 2 – 12   骨架模型逐级传递示意图

的设计师也相应更新下一级产品骨架模型中的复制几何。

总体和分系统自顶向下设计流程见图 2 – 13。总体设计阶段的自顶向下设计一般流程为：构建总体布局→构建总装模型→构建总体骨架模型→发布几何。分系统和单机的详细设计阶段的自顶向下设计一般流程为：构建装配模型→构建装配骨架模型→复制几何→详细设计。

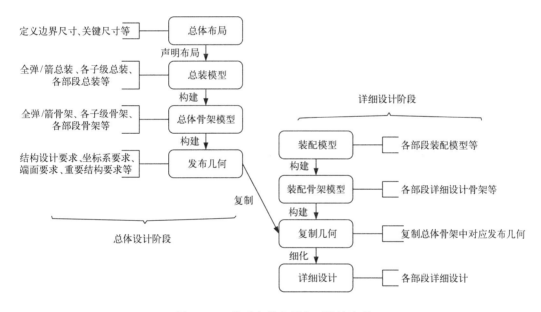

图 2 – 13   典型产品自顶向下设计流程

2.3.2   自下而上协同验证

自下而上协同验证过程，一般包括总体对分系统和单机数字样机的齐套验收、总体数字模装以及流程仿真等过程。

数字样机验收，是对参试产品正确性、规范性的全面检查，由于技术状态变化较为频繁，为保证模型的有效性，严格按照标准开展参试各系统模型验收，是确保数字模装及仿真有效的根本保证。

全箭总装、动态和静态干涉检查是数字模装的核心内容。全箭总装基于通过验收的分系统数字样机，使用坐标系装配法，自下而上依次开展部段级、舱段级、全箭级数字装配，最终形成全箭数字样机。静态干涉检查指在特定的装配结构形式下，检查装配体的各个零部件之间的相对位置关系，判断是否存在静态干涉，即是否存在几何外形的相互嵌入现象，检查装配体的各个零部件之间在静态时的间距是否满足给定要求。

动态干涉检查指对装配中的运动部件，综合考虑机构运动、载荷、几何约束等因素进行机构运动分析，发现运动路径中与其他结构的干涉问题。例如，发动机动态干涉检查主要检查发动机在其整个运动轨迹上是否与其他零部件有干涉现象；检查发动机在整个运动轨迹上与其他零部件之间的距离是否满足给定要求。

装配和流程仿真包括装配仿真和流程仿真两个层面的内容。装配仿真是在产品虚拟装配环境中，对产品虚拟装配的过程进行的仿真，装配仿真重点考察产品的可装配性等内容。如果在装配仿真过程中加入人体模型，则可进一步考察产品操作的可达性、视场的可视性、人体操作的疲劳强度，综合进行人机功效验证。流程仿真是利用虚拟仿真技术，按产品任务流程，对产品任务的全流程进行综合验证的过程。例如，发射场流程仿真是利用火箭数字样机、地面设备数字样机、发射场设施数字样机，对发射场工作流程中涉及的吊装、转载、对接、测试、发射等环节进行流程仿真分析，发现存在的问题，提出优化措施的过程。

虚拟现实是近年发展起来的具有广泛应用前景的一个领域，是一系列高新技术的综合应用，如计算机硬件技术、计算机图形学、多媒体技术、人工智能技术、传感技术、高性能计算技术、人类行为学等多个领域的汇集和融合。采用虚拟现实技术能给人带来深度沉浸式的逼真体验。在运载火箭数字化研制领域，能为数字模装及流程仿真等工作提供一种全新的、更接近真实体验的新媒介和手段。

自下而上的协同验证一般由总体单位牵头，各系统参加，通过上述技术的综合应用，对产品自身、产品与外系统接口、产品任务流程等进行综合全面仿真分析，对总体给各系统自顶向下协同设计过程中提出的设计指标进行闭环验证，提前发现问题，规避风险，优化设计，提高质量。

2.3.3　设计协同应用实践

运载火箭型号研制过程是运用系统工程方法不断创新的过程，在总体发布设计要求和骨架模型后，各模块、箭体结构、动力系统、增压输送系统、发动机系统、伺服机构、控制系统、测量系统、发射支持系统等分系统及单机，按系统组成全面并行、逐级协同地开展数字化设计工作，并与仿真、制造、质量保证体系等有效结合，运载火箭数字样机设计协作关系如图 2 - 14 所示。

结合运载火箭总体与分系统分工模式和产品特点，运载火箭数字样机协同设计包括：总体与分系统布局协调阶段、分系统模型交付阶段及全系统模装阶段，协同设计流程如图 2 - 15 所示。

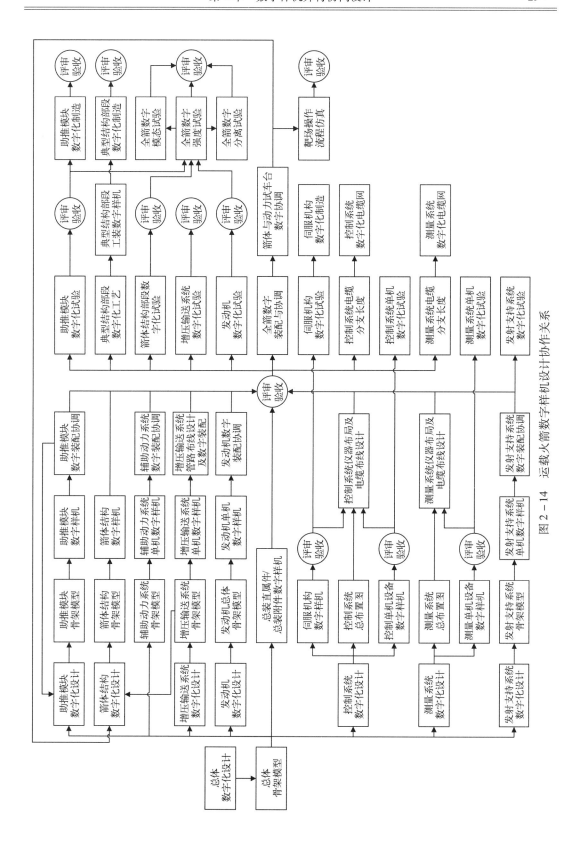

图 2 - 14　运载火箭数字样机设计协作关系

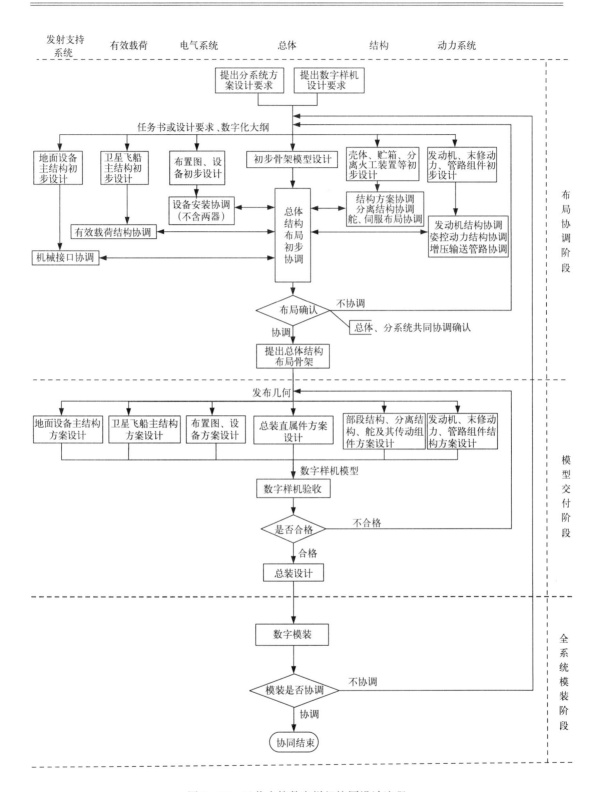

图 2-15　运载火箭数字样机协同设计流程

各阶段工作紧密衔接，具体包括如下阶段。

（1）布局协调工作阶段

在启动协同工作之前，总体应提出分系统设计任务书（或设计要求）和数字化大纲，明确分系统结构方案设计要求和数字样机三维模型设计要求。

分系统应根据总体设计任务书（或设计要求）和数字化大纲开展初步设计，设计出产品基本外形、接口，提供总体初步协调三维模型。

总体应与分系统共同协调确定系统间机械接口、空间包络、定位基准等。

总体和分系统应对结构布局协调最终结果确认，若存在不协调问题，相关系统应联合协调解决。

总体布局协调结果应反映在总体骨架模型中，并发布给分系统作为主结构设计依据。

（2）模型交付工作阶段

分系统应按照总体数字样机设计要求完成详细设计，提交三维模型。

总体应对分系统提交的数字样机三维模型进行验收，若验收不合格，分系统应按照总体要求完善三维模型。

（3）全系统模装工作阶段

总体应基于验收齐套的数字样机三维模型完成总装三维设计。

总体与分系统应对数字模装中的机械接口、空间包络干涉、质量特性计算等协调确认。若存在不协调问题，应分析总体设计要求、总体布局和三维模型设计的不协调环节，形成迭代过程，完善相关设计。

2.4　设计与工艺的 IPT 协同

2.4.1　协同流程

传统的"设计—工艺审查—修改—出图—工艺—物流—生产"工作流程如图 2-16 所示，较多环节处于串行状态，下游工作的开展需要相对较长的等待时间。

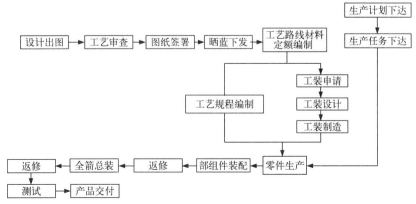

图 2-16　传统串行工作流程

在数字化模式下，通过流程创新和过程重构，实现了如图 2－17 所示的数字化并行协同模式，把各项工作尽可能同步，IPT 小组共同参与三维模型设计、工艺规划、物资备料、工装设计等工作，有效缩短了数据传递的时间和传递的路径，提高了设计质量，为缩短研制周期奠定了基础。

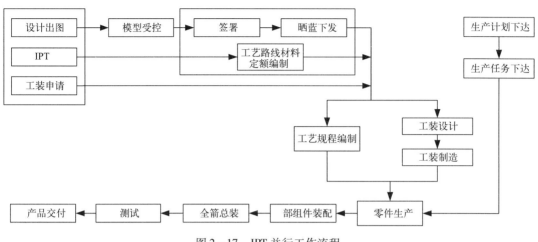

图 2－17 IPT 并行工作流程

通过 IPT 工作模式，将不协调问题提前发现并解决，将长周期项目如物资备料、大型工装设计等提前在 IPT 协同环境中开展，设计、工艺等各方充分交底，提高产品一次成功率，减少设计反复。IPT 协同范畴如图 2－18 所示。

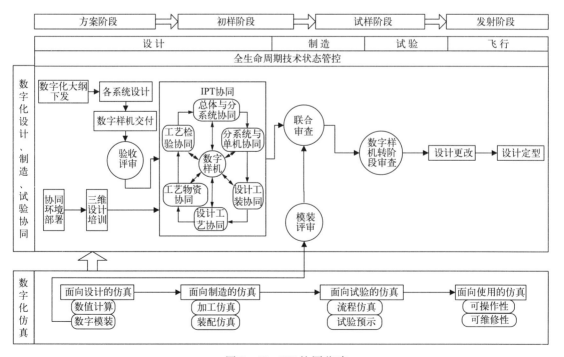

图 2－18 IPT 协同范畴

在 IPT 协同过程中，除正常工作按流程开展外，还应重点关注长周期项目、短线项目、瓶颈项目，例如物资备料协同、工装设计协同。为尽量使工作并行开展，应尽早启动输入条件梳理，例如，对于物资备料协同，由设计人员在设计初期提出备料清单，设计、工艺、物资、经费人员协同确定物资备料计划。对于工装设计协同，设计、工艺、工装人员尽早启动工装设计条件梳理，对照工装设计条件，在 IPT 工作中逐条进行落实，同时充分考虑工装制造的时间，可以提前对其进行投产。

2.4.2　协同实践

新一代运载火箭长征五号、长征七号、长征十一号的研制都采用了 IPT 协同工作模式，组建了由设计、仿真、工艺、工装、物资、检验、试验等人员组成的 IPT 团队，并行完成产品设计、性能仿真、工艺文件编制、工装详细设计、物资备料准备工作，使产品设计状态达到具备直接进入生产环节的技术状态。实现的目标包括：将不协调问题通过三维数字化的手段在 IPT 的协同环境中提前发现并解决；将长周期项目如物资备料、大型工装设计等提前在 IPT 协同环境中开展，设计、工艺、试验等各方充分交底，减少设计更改和设计反复，提高产品一次装配成功率。

主要工作内容如下。

（1）明确协同工作内容和计划

IPT 协同工作内容和计划按人员、阶段划分，如表 2-2 所示。

表 2-2　IPT 协同计划

阶段	第一阶段	第二阶段	第三阶段	第四阶段	第五阶段
名称	确定输入条件	完成主结构设计	完成功能性结构设计	完善结构设计	完成受控和发放
设计人员	梳理设计输入条件：结构设计要求、结构协调图、载荷文件、仪器电缆和管路安装要求	1）完成主结构设计（壳体主结构等）； 2）完成主结构强度分析； 3）完成主结构设计审查	1）完成功能性结构详细设计和装配（支架、口盖等）； 2）完成功能性结构的装配仿真验证； 3）完成长周期零部件详细设计、受控并下厂	1）完善结构设计； 2）完成明细表、验收制造技术要求等技术文档	完成模型及技术文件的受控和发放
工艺人员	梳理按期完成生产所需设计保障条件	1）参与设计技术交底； 2）确定主结构工艺分工； 3）主结构工艺性审查； 4）主结构工艺方案初步设计； 5）主结构物资审查； 6）明确大型工装初步设计方案； 7）完成长周期零部件物资审查、工艺初步设计	1）功能性结构工艺性审查； 2）功能性结构工艺方案初步设计； 3）功能性结构物资审查	1）完成工艺方案详细设计，编制工艺文件； 2）完成工装详细设计； 3）完成物资备料准备； 4）确定检测、试验方案	完成工艺文件、工装设计、物资备料文件、检测文件受控

续表

阶段	第一阶段	第二阶段	第三阶段	第四阶段	第五阶段
试验人员	—	1）初步确定试验方案； 2）初步确定试验工装设计方案	—	1）完成试验方案详细设计； 2）完成试验工装详细设计方案	完成试验设计文件、试验工装设计文件受控

（2）组建 IPT 工作队伍

IPT 工作队伍由总体、箭体结构、控制系统、动力系统、测量系统、工装及结构设计、试验和调度人员组成，如表 2－3 所示。

表 2－3　IPT 工作组成及分工

序号	类别	工作内容
1	总体	总体设计、三维模型验收、数字模装
2	箭体结构	弹体结构详细设计
3	控制系统	控制系统协调及单机三维模型提交
4	动力系统	主发动机、姿控动力系统协调及三维模型提交
5	测量系统	测量系统单机协调及三维模型提交
6	复合材料制造	复合材料部分结构工艺设计
7	金属制造	工装设计和结构工艺设计
8	试验	试验协调及试验工装设计
9	调度	资源调度、进度协调

（3）IPT 例会和日报制度

每天召开日例会，汇报本日工作内容，检查和监督节点任务的完成情况和紧急事件的处理情况，明确第二日工作安排及需要协调的问题。发布 IPT 工作日报。其中工作日报以产品为对象，持续追踪产品，包括关键节点、预警信息。

每周末检查本周工作完成情况，确定下周工作内容，形成一周计划。包括人员安排、工作项目、输入输出文件节点要求等。

（4）完成的任务

通过 IPT 协同工作模式，按时完成各项设计、仿真及工艺任务，并顺利开展工装详细设计等工作，具体包括：完成总体布局，发布总体骨架模型；完成主结构三维设计和标注；完成长周期物资备料协同；完成长周期工装设计条件齐套；开展工艺设计，编制了工艺文件；开展了工装制作申请，以及工装详细设计；开展了基于主结构的备料及粗加工；完成支架等功能性结构设计；完成总装三维设计及仪器电缆总装三维设计；完成全箭标准件安装和统计；完成全箭数字模装；完成关键部位装配仿真；完成设计模型和工艺文件的各方确认；完成三维模型技术状态受控。

　　通过新一代运载火箭的研制实践，使得基于数字样机的 IPT 并行协同研制方法得到不断完善和丰富，最终实现了"工艺、物流、检验人员提前介入"的工作理念，实现了我国运载火箭研制从传统以纸质文件为载体的串行研制模式向以数字样机为载体的全新数字化并行研制模式的转变，标志着我国航天产品数字化协同研制水平已跻身国际先进行列。

第 3 章　数字样机设计技术

运载火箭数字样机设计采用自顶向下的设计思想构建全箭结构数字样机和电气数字样机，经过多个型号的实践，已形成了较成熟的设计方法和流程，本章重点阐述运载火箭结构数字样机和电气数字样机的设计技术，以及与之配套的数字样机设计系统。

3.1　结构数字样机设计技术

结构数字样机是描述产品结构形状与尺寸的几何数字样机，并通过 MBD 技术将加工、装配等制造要求通过适当的方式附加在模型上，结构数字样机可作为产品工艺设计、加工、装配和检验的依据，代替图纸向下游传递。构建运载火箭全箭数字样机的过程是实现各系统产品结构数字样机和电气数字样机规范化设计的过程，其核心是要建立规范化的设计方法和流程。

3.1.1　MBD 定义及其数据集

3.1.1.1　MBD 定义

MBD 是一种将产品的所有设计信息、工艺要求、产品属性、管理信息等都附着在产品数字样机三维模型上的数字化定义方法，其核心思想是基于产品数字样机模型完整地表达产品定义信息，包括与产品相关的所有几何和非几何信息，并通过 PDM 技术，实现面向制造的全生命周期的协同研制与管理。

基于 MBD 的产品数字化定义技术是近年来由以波音公司为代表的航空企业发展和推广起来的，在航空航天领域得到了广泛的应用，是产品全生命周期内数字化设计、虚拟试验、数字化制造、数字化检验及产品数据管理等实施的基础。

MBD 技术的应用使得数字样机三维模型可以完全替代二维纸质图纸，产品设计、工艺设计、工装设计、物资准备、产品检验等相关人员能够在直观、信息全面的三维模式下，进行技术沟通交流，提高了产品的协同效率，为产品研制模式改变和研制流程优化奠定基础。

3.1.1.2　MBD 数据集

完整的 MBD 数据集一般包括模型和相关数据两部分，模型提供完整的产品定义，包括设计模型、属性和标注，相关数据包括但不限于图 3-1 中所示内容：零件表、过程、结果要求、更改偏离。从传统的二维或二维＋三维的产品数字化定义发展到 MBD 产品数字化定义技术，核心的转变是传统的二维工程图被 MBD 数据集所代替。

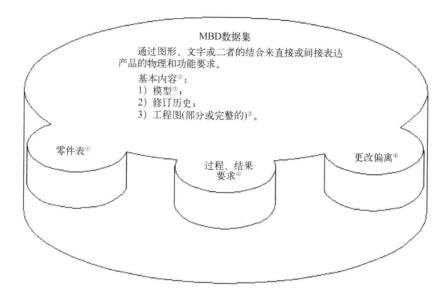

图 3 - 1　MBD 数据集组成

注：①完整 MBD 数据集一般包括基本内容和相关数据两部分，且相关数据应集成于数据集或被数据集引用。
②见图 3 - 2。
③包括原理图、复杂局部详细工程图等。
④为明细表或 EBOM 形式。
⑤包括测试过程、制造过程、验收等技术要求。
⑥包括更改单、技术通知单。

MBD 数据集的基础和核心是模型，如图 3 - 2 所示。模型不仅包含描述了产品几何信息的三维模型，而且包含了标注的制造要求和定义的产品属性信息。

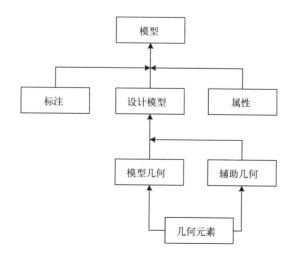

图 3 - 2　模型内容

设计模型通过产品规范化几何建模获得，包括模型几何实体、坐标系、基准特征、参考几何等几何元素。标注内容包括尺寸公差、基准与几何公差、表面粗糙度、焊接符号、技术条件、关键特性尺寸、装配定义信息、各种文本说明，以及标注信息显示管理等，通常用于表达产品的制造和装配信息。属性定义一般包括产品标识、材料、规格、工艺路线、关键特性、密级、设计单位等，是产品数据集的标识和说明。

3.1.1.3　运载火箭产品 MBD 数据集

运载火箭产品定义是一个完整的 MBD 数据集，由于产品组成非常复杂，因此数据集分级建立，一般包括产品、子级、部段总装、部段壳体、零件等四五级，各级数据集的模型通过坐标系进行装配完成。在部段总装或部段壳体的分级划分上，与二维工程图方式相比有所变化，需要根据三维设计的特点进行调整，如电缆装配、管路装配，以运输或飞行分离面为界进行划分更为适合。

根据并行工程的需要，产品的 MBD 数据集应满足仿真、虚拟试验、数字化生产等多种要求，必须得到 IPT 团队的确认，因此一个完整的 MBD 数据集发布时，必须包含所有产品全生命周期所必需的产品数据，并存储在 PDM 产品数据管理系统的产品结构中，且具有关联关系。通过关联关系可以查询出 MBD 数据集的所有关联数据，可据此进行 MBD 数据集完整性检查。运载火箭产品模型分为零件模型、装配模型，其完整的数据集要求如下。

（1）零件数据集

零件数据集的组成至少包括：

1）加工后完工状态的实体几何；

2）零件坐标系（用于装配定位）；

3）参考几何（如：基准点、基准轴、基准坐标系、基准曲线、基准曲面等，用于特征定义）；

4）三维标注（尺寸公差、基准与几何公差、粗糙度、技术要求等）；

5）材料；

6）相关数据（如复杂局部详细工程图、制造技术文件等）。

（2）装配数据集

装配数据集的组成至少包括：

1）装配产品结构；

2）装配后完工状态的实体几何（含装配模型及全部子零组件）；

3）辅助材料（一般无实体几何）；

4）装配坐标系（用于装配定位）；

5）参考几何（如基准点、基准轴、基准坐标系、基准曲线、基准曲面等，用于特征定义）；

6）三维标注（装配的尺寸公差、基准与几何公差、技术要求等）；

7）BOM；

8）必要时的相关文件（如制造验收技术要求等）。

（3）数据集的管理数据

数据集的管理数据保存在产品结构或模型中，均以属性形式体现，其组成至少包括：

1）数据集标识符（含编号、中文名称）；

2）修订历史；

3）设计单位名称；

4）设计者姓名和日期；

5）审签信息；

6）生命周期状态；

7）关键特性；

8）单位制；

9）精度。

3.1.2　基于 MBD 的属性定义

MBD 数据集中产品一些特有的信息，通过模型属性定义来表达，如：产品代号、名称、类型、材料信息、借用关系、关键特性、工艺路线、成熟度、密级等信息。常用的方法是在三维设计模板中定制好相关的属性，按照规范的格式填写。三维设计数据在不同的设计阶段，其用途不同，一般可分为面向模装的三维模型和面向制造的三维模型，对应的属性信息定义和填写要求也不同，属性定义填写要求示例见表 3-1。

表 3-1　属性定义填写要求示例

序号	属性名称	面向模装的三维模型	面向制造的三维模型
1	所属型号（或产品代号）	△	△
2	中文名称	△	△
3	产品图号	△	△
4	材料名称	△	△
5	材料牌号	○	△
6	材料状态	○	△
7	材料技术条件	○	△
8	材料品种规格	○	△
9	研制阶段标记	△	△
10	零部件分类	△	△
11	规格	○	△
12	工艺路线	○	△

续表

序号	属性名称	面向模装的三维模型	面向制造的三维模型
13	成熟度	O	△
14	密级	O	△
15	关键特性	O	△
16	设计单位(部、厂、所)	△	△
17	设计部门(处、室)	△	△
18	备注	O	O
19	备用	O	O
20	备用	O	O
21	质量特性信息	△	△
22	着色信息	△	△

注："△"表示必须具备的项目；"O"表示应根据需要选择的项目。

3.1.3 基于 MBD 的三维建模

运载火箭数字样机三维建模以 MBD 技术为基础，根据各系统的特点和设计方法规范化建模。

3.1.3.1 三维模型的分类

（1）按制造类型

根据制造类型，一般可分为零件模型和装配模型。

（2）按加工特点

根据零部件的加工特点，一般分为机加类、钣金类、电缆类、导管类等。

（3）按模型用途

根据模型具体用途，一般分为设计模型、分析模型、工艺模型、轻量模型等。

（4）按研制阶段分类

根据不同研制阶段技术特点，一般分为方案阶段模型、初样阶段模型、试样阶段模型、定型阶段模型。

3.1.3.2 MBD 建模要素

在 MBD 数据集中，几何模型作为产品全生命周期的唯一数据源，反映物理样机的几何、功能和性能基本属性，并随着研制阶段的推进不断完善，具有稳定性、完备性，提供产品全生命周期内所需的信息表达，用于产品的各个研制和使用阶段。因此，模型的规范性尤为重要，如果建模过程缺乏规范性指导，就会导致模型杂乱无章，如同一几何模型用不同的特征去创建，或同样的加工元素采用不同的定义方法，会给后续制造带来不利影响，其至无法使用。

规范化建模重在建模标准的统一，在统一的基础上满足各阶段的使用要求，使模型具有唯一性、统一性、易读性。唯一性，即所有零部件标识和表达应具有唯一性，以保证数据在存储、共享和应用中不会造成混乱。统一性，即所有零部件应采用统一的标识规定，相应的标识规则可按照企业或行业以及产品的特点自行确定。易读性，即零部件标识应遵循行业或企业规定，较高的可读性有利于数字样机模型的管理。规范化建模通常考虑以下要素：

（1）建模比例、单位和精度的统一

建模宜采用公称尺寸、1∶1 比例创建，几何元素的形状、方向和位置由理论尺寸确定时，按理论尺寸创建。采用统一的量纲，例如：长度单位统一采用毫米（mm）。建模精度根据自身需要，一般取 10^{-6} m。建模开始前应对软件环境进行统一的初始配置，通常可进行配置的项目包括单位制、精度，还包括加载文件的路径、初始界面、显示环境、初始建模基准、缺省的视图和图层、模型基本属性等。

（2）坐标和接口的统一

运载火箭由多个系统组成、多家单位完成设计，最后从单机开始一级一级组装成全箭模型，各系统产品模型的坐标系和接口需要遵照全箭的统一要求。在自顶向下设计流程中，开始阶段采用骨架模型，按照总体—分系统—单机的顺序，逐级向下发布坐标系和接口。坐标系一般包括坐标系原点位置、方向、命名等，并由简明易读的标识表达。接口包括几何形状、定位基准等信息。

（3）模型显示控制的统一

模型的显示包括辅助参考几何、模型着色、渲染等。建模过程中的基准特征、曲线等参考几何，在不影响模型使用的情况下尽量隐藏。着色应遵循易辨认、易阅读和易操作的原则，根据产品的配色方案和物理样机的颜色进行着色，亦可参照行业习惯或用户需求，或针对数字样机的不同阶段或不同目的采用不同的着色方案，例如：设计过程中的数字样机着色只需遵循上述原则即可，设计完成的数字样机应为实体的着色状态。数字样机在渲染时，需考虑零部件的材料特性，并确定相应的材料纹理，考虑电缆和管路的显示状态。

（4）建模流程的统一

各系统产品、各单位的同类型零部件建模应按照统一的流程，并对模型状态提出统一要求，例如：存在运动副的模型按处于静止且稳定的状态还是运动机构极限状态、装配变形件按变形前状态还是变形后状态，都应统一。建模的流程通过零件特征树和装配结构树进行统一管理。

（5）模型简化的统一

产品模型从单机–系统–子级–全箭逐级装配，模型的规模越来越大，需要采取逐级简化和轻量化的措施，例如：模型简化表示、模型收缩包络等，各级各类产品的措施和方法统一，保证保留产品必要信息的同时，尽量降低模型规模。

（6）模型标识的统一

所有零部件数字样机模型应具有唯一标识，以保证数据在存储及共享过程中不会造成混乱。相应的标识规则可按照企业或行业以及产品的特点自行确定，并具备较高的可读性，以便于数字样机模型的管理。此外模型标识应具有扩展性和延续性，能根据不同应用场合增加新信息。

规范建模后应对其上述要素进行检查，并作为产品模型质量验收的重要组成部分，纳入产品质量管理体系，在模型正式发布前完成质量验收评审。以下重点对零件、装配件的规范化建模方法及大装配模型的简化建模方法进行介绍。

3.1.3.3　MBD 零件建模

（1）建模原则

零件建模的原则包括：

1）零件建模特征应为全约束，不得欠约束或过约束（另有运动副规定的除外），优先使用几何约束（例如：平行、垂直、重合等），其次使用尺寸约束；

2）零件模型不允许包含冗余元素；

3）零件建模时应遵循面向制造的设计准则和面向装配的设计准则，提高零件的可制造性和可装配性；

4）零件建模一般先建立模型的主体结构，然后再建立模型的细节特征；

5）零件建模推荐采用参数化方式，应考虑数据间应有的链接和引用关系；

6）零件模型的外形曲面应光顺，应尽量采用直纹曲面，模型数据应提供加工所需的基准面、工艺孔、定位孔等加工信息。

（2）建模流程

零件建模的一般流程（见图 3 - 3）为：

1）启动软件环境；

2）完成建模初始环境设置；

3）创建数字样机模型文件，根据需要，复制或引用骨架等参照关系，建立基准坐标系、基准点、基准轴、基准平面；

4）创建零件的基础特征；

5）创建零件的主体结构特征；

6）创建零件细节结构，例如：倒圆、倒角、小孔等附属特征；

7）根据需要，添加注释、属性等信息；

8）按照预定义的检查规则，对模型进行检查；对不符合要求项进行修改，直至满足预定义的要求。

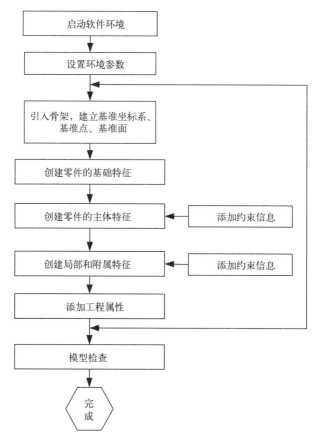

图 3-3　零件建模流程

3.1.3.4　MBD 装配建模

（1）建模原则

装配建模原则包括：

1）数字样机模型分层次、分系统进行装配；

2）所有参与装配的零部件为有效的最新版本，应具有唯一性；

3）装配模型不仅包含了零部件自身的信息，还包含零部件之间的配合、连接及装配层次关系；

4）模型的装配层次考虑到数字样机虚拟装配和拆卸的要求；

5）装配模型包含完整的装配结构树信息；

6）合理选择装配基准，尽量简化装配关系；

7）选用最能反映设计意图的约束类型，真实反映产品对象的约束特性和运动关系，正确、完整、不相互冲突，不出现欠约束和过约束情况，对运动产品应能真实反映其机械运动特性；

8）对于无自由度的装配模型，要形成完整的装配约束，常用的约束有平面与平面对齐或匹配、孔轴类配合的轴线与轴线对齐、坐标系与坐标系重合、曲面相切等，可采用一个或几个约束组合进行装配全约束。

（2）建模流程

装配建模有自顶向下和自底向上两种模式。根据不同的设计类型及其结构特点，选用适当的装配建模设计模式或将二者相结合。对于产品结构较简单的改进设计，推荐采用自底向上设计模式；对于结构复杂的新产品研发，推荐采用自顶向下设计模式。两种设计模式并不互相排斥，在实际工程设计中，常将两种设计模式组合使用。

自顶向下设计的一般流程（见图 3 - 4）为：

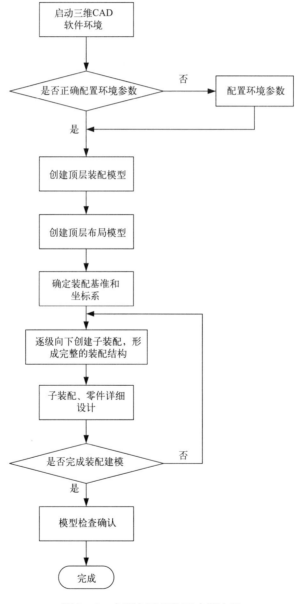

图 3 - 4　自顶向下的装配建模流程

1）创建顶层装配模型，并建立布局模型或骨架模型；

2）确定装配基准；

3）逐级向下创建子装配，并以布局模型作为设计依据逐级向下传递，直至形成完整的装配结构；

4）子装配、零件建模；

5）分别在模型上添加标注和属性信息，这些信息包括：尺寸、公差、基准等，还可根据需要添加性能指标、分析数据、测试要求、工作原理、操作与维修说明等信息；

6）按照预定义的检查规则，对模型进行检查；对不符合要求项进行修改，直至满足预定义的要求。

自底向上装配的一般流程（见图 3－5）为：

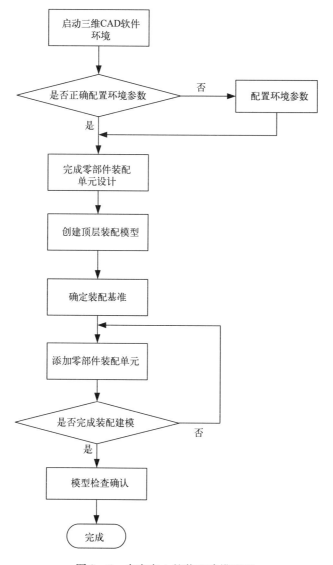

图 3－5　自底向上的装配建模流程

1）完成底层的零部件建模；

2）创建上一层装配模型文件；

3）确定装配基准；

4）逐级对零部件模型进行装配，直至形成完整的装配结构；

5）分别在模型上添加标注和属性信息，这些信息包括：尺寸、公差、基准等，还可根据需要添加性能指标、分析数据、测试要求、工作原理、操作与维修说明等信息；

6）按照预定义的检查规则，对模型进行检查；对不符合要求项进行修改，直至满足预定义的要求。

（3）装配定义表达

在装配产品 MBD 定义中，存在各种典型的装配连接关系，如紧固件连接、密封件连接、销钉连接、粘接连接、装配钻孔等，其几何表现形式和装配约束较为固定，表达方式也应统一。这些装配关系在产品定义中，几何有实体装配也有简化装配，内容至少包括：位置、方向、规格、数量、制造要求等基本信息。

①紧固件连接定义

运载火箭产品包含大量的紧固件，虽然每个紧固件模型很小，但是装配数量达到上万规模后，使总装配模型的规模变得非常庞大。对于大量的紧固件装配，简化其数量是非常必要的，简化方法根据紧固件装配特点和所使用的工具软件表达方式确定。在运载火箭装配产品的定义中：对相同规格的紧固件一般只装入一组，用于表达规格；在装配模型结构树中，紧固件与装配元件应相邻或组成一个组，来表达装配关系；安装孔、点或特征参数表达位置和数量；以注释或在组名称中明确安装力矩、安装数量、安装位置等工艺要求，如图 3 - 6 所示。

②密封连接定义

密封件按实际数量装配，在装配中通常嵌入在其他结构中间，几何模型上很难发现，因此密封连接定义需要在模型结构树中或建立剖面视图表达。在模型结构树中：密封件与装配元件相邻或组成一个组来表达密封连接装配关系，以文本注释或组名明确安装位置、安装力矩、安装要求等工艺信息；密封连接的位置、方向在三维模型中直接查看。

③销钉连接定义

在模型结构树中，销钉与装配元件相邻或组成一个组来表达销钉连接装配关系，按实际数量装配，销钉应放置在组中的最上方，由上至下一般按销钉、紧固件依次排列，其他与紧固件连接相同。

④钻孔定义

在产品制造中，有些定位安装孔保留在装配中配钻加工。在大装配中创建特征，容易导致两个问题：一是产生装配件之间的相互参照，在装配更改时出错；二是导致装配模型规模非常庞大。因此，装配中的钻孔推荐在零件中用实体孔特征创建，减少钻孔特征与装配元件的关联关系，孔的位置、尺寸公差、基准、装配精度用尺寸或文本注释在零件中进行三维标注，表达装配各项要求，在技术条件中说明该项钻孔保留在装配时与哪些零部件

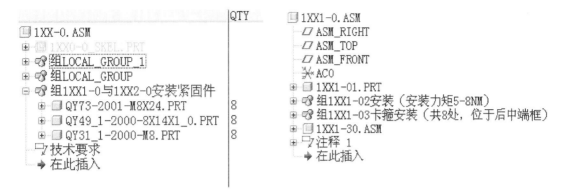

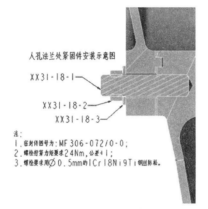

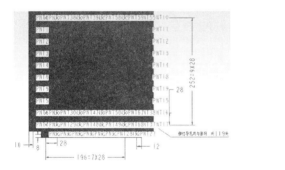 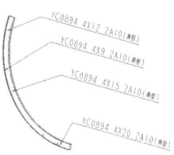

图 3-6 紧固件装配定义示例

协调配合。

⑤粘接定义

粘接件在组件中的装配位置、装配方向可在三维模型中直接查看，也可用注释标注和辅助尺寸视图说明。零部件的胶粘连接要求，包括仪器安装粘接用胶的牌号、规格一般在组名称中明确，或在技术条件中说明。

⑥焊接连接定义

焊接结构是指通过加热或加压，并且用或不用填充材料，使两个零部件达到结合的一种加工方法。焊接连接结构定义，需要明确焊接连接位置为两个连接件的结合处，焊接的焊接形式、焊接工艺、焊缝等级、焊接尺寸等通过标注定义，并用焊缝基本符号及其指引线标出焊接位置。焊接结构定义：基本符号表示焊缝横截面的基本形状或特征，如卷边焊缝、I形焊缝、V形焊缝等，均用对应的符号表示；焊接工艺包括钨级惰性气体保护电弧焊(141)、点焊(21)、电子束焊(51)等，均用对应的编号表示；焊接方法包括熔焊、点焊、电子束焊、搅拌摩擦焊等，均用相应代号表示；焊接尺寸包括焊点间距等。焊接结构定义示例如图3-7所示。

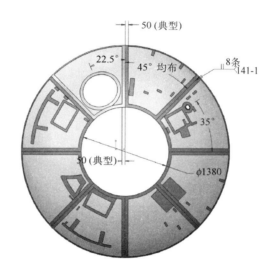

图3-7 焊接结构定义示例

3.1.3.5 轻量化装配

随着由下到上的逐级装配，运载火箭总装的三维模型规模越来越大。在运载火箭设计协调中，涉及的分系统和单位较多，接口协调、状态协调等设计协调较为频繁。对于小模型(大小在3GB以下的模型)，设计人员使用图形工作站(或移动工作站)可直接快速打开，进行显示、浏览，开展相关设计协调、交流讨论，可以满足使用要求。但当模型太大时，在图形工作站上打开详细模型耗时很长，浏览会出现严重卡滞，无法开展设计协调。因此，有必要对总装大模型进行轻量化装配，通过规范化建模和装配方法，逐级轻量化模型。

轻量化装配的首要目标是进行规范化建模。除了包括之前提到的零件建模的一般要求、零件建模思路、模型简化表示的原则和要求、零件模型检查、典型零件建模流程(壁板类零件、框架类零件、桁条类零件、瓜瓣类零件、口盖类零件、钣金类零件)，还包括影响更大的大装配模型构架、建模规范性(组件级拉伸、孔特征、装配关系完整性、装配循环参考、收缩包络的使用等)、模型显示速度的选项和方法等。

在装配建模过程中，组件级拉伸设置不合理、组件装配关系不完整、装配循环参考、收缩包络使用不合理、阵列特征使用不合理、模型精度设置不合理对模型的打开、显示及浏览速度均会产生较大影响。在装配建模上，通过以下处理可以有效降低模型规模的大小，主要包括：

1）消除装配各级组件中的拉伸（剪切和孔）特征中相交选项不合理设置；

2）消除装配各级组件中的装配关系不完整项目；

3）消除装配各级组件中的循环参照项目；

4）改善模型的精度设置；

5）检查装配各级组件中典型零件的简化（收缩包络、化铣壁板）合理性；

6）检查装配各级组件中阵列设置；

7）降低各级收缩包络模型的等级。

另外，在大装配环境下，图形界面中一次显示的图元信息量非常大，转换成三角形面片和矢量线的数量多达数亿量级。即使使用顶级图形显卡，显示的帧数也难以负荷，将大幅度降低大装配的查看、浏览等可操作性。经测试，在全箭级别的大模型打开后，旋转模型需耗时1.5帧/秒，严重影响可操作性。

CAD软件中自带的模型旋转细节控制功能，是通过在旋转过程中自动简化模型，忽略极小的细节以加快显示和浏览速度。此外，不同显示方式对显示速度的影响也很大，可通过选择轻量化的显示方式，不同方式对显示速度的影响也很大。图3－8为某CAD软件不同显示方式的内存占用情况对比。

	仅装配结构	完整几何信息	可参考的完整几何信息	完整的参数、内部特征关系信息、完整几何信息	内存占用
边界框符号表示	■				～5%
图形表示		■			～30%
几何表示			■		～70%
主表示				■	100%

图3－8　不同显示方式大模型内存占用情况对比（主表示占用的内存最大）

经过上述轻量化处理，大模型显示速度提升会非常明显。图3－9所示为全箭模型处理前后在同一工作站上打开速度的对比。未对全箭模型进行处理前，打开全箭模型的主表示需要81分钟，即使修改装配关系，主表示也需要68.5分钟，对全箭模型轻量化处理后，打开全箭模型的主表示只需要25.48分钟，打开全箭模型的图形表示只需要6.5分钟。

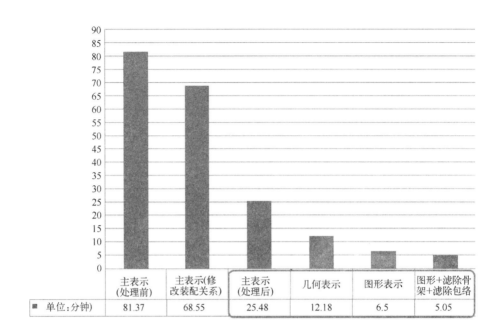

图 3 - 9　大装配模型处理前后打开时间对比

3.1.4　基于 MBD 的三维标注

三维标注是产品建模后的重要工作。在三维实体模型的基础上，通过赋予表达和描述其基本尺寸、公差、基准和注释等信息，补充几何实体模型不能表达的制造信息，从而形成满足生产加工要求的样机模型。

三维标注包括注释和管理，注释有尺寸、尺寸公差、基准、几何公差、表面粗糙度、焊接符号、技术条件、装配定义表达等，管理包括注释方向定义、层和视图定义。运载火箭三维标注采用了"注释"+"视图管理"的模式，采用"注释"特征标注相关信息，再采用"层"和"视图"定义实现标注信息的视图管理。

3.1.4.1　标注原则

三维标注是基于三维实体模型进行的，一般存在全尺寸标注和基于 MBD 的三维标注两种模式，全尺寸标注需要标注产品的全部尺寸和公差，基于 MBD 的三维标注则仅标注具有特殊公差要求的尺寸。特殊公差尺寸是指设计公差要求超出规定的未注尺寸公差标准范围之外的。在基于 MBD 的三维标注中，有两个方面需要关注：一是基准，包括设计基准和制造基准，应该在标准规范中约定，或者在视图中进行标注；二是未注尺寸公差，必须在标准规范中进行明确，并按零部件类型分类，如运载火箭钣金零件未注尺寸公差按照 QJ 262A 执行，机加件未注尺寸公差按 GB/T 1804 - m 执行等。

两种标注模式一直以来是设计与制造工艺争论的焦点，全尺寸标注导致设计效率低、更改维护困难，基于 MBD 的三维标注已成为发展必然趋势，通过未注尺寸信息提取、数字化制造在线测量、3D 扫描等自动检测技术解决了未注尺寸的使用问题。因此在全三维下厂产品 MBD 定义中，推荐以名义尺寸建模，明确未标注尺寸公差的通用标准，需要时通过查询或自动显示提取，在模型上仅标注与其关联的特殊尺寸公差。基于 MBD 的三维标注遵循以下原则：

1）标注特殊公差尺寸；

2）标注关键件、重要件尺寸；

3）标注无法直接测量、需要加辅助线标注的尺寸；

4）标注弧长尺寸；

5）标注复杂型面、曲面特征尺寸；

6）标注螺纹规格；

7）标注结构加工或测量时对基准具有特定要求的尺寸。

在对三维模型进行标注时，标注的信息元素应放置在一个平面上，这些平面通常被称为标注平面。为了完整、清晰地表达标注信息，并给后续使用、更改等工作提供方便，标注平面不能太多，一般按照视图投影的规律，标注在主视图、后视图、俯视图、仰视图、左视图、右视图六个基本视图平面上，并且在主视图平面上标注尽量多的信息元素。当基本视图平面不能完全表达 MBD 信息时，再考虑增加其他标注平面，定义为局部视图、剖视图等形式。一般情况下，取前视图、俯视图、右视图三个基本视图平面，如图 3 - 10 所示。

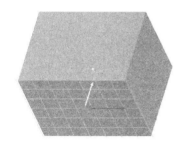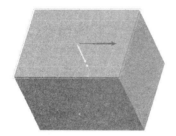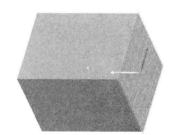

图 3 - 10 标注基本视图平面

3.1.4.2 标注流程

三维标注流程包括标注环境配置、创建注释特征、设置文本、定义注视方向、尺寸公差标注、基准与几何公差标注、表面粗糙度标注、焊接符号标注、技术条件标注、关键特性重要特性标注、装配连接表达等，具体流程如图 3 - 11 所示。

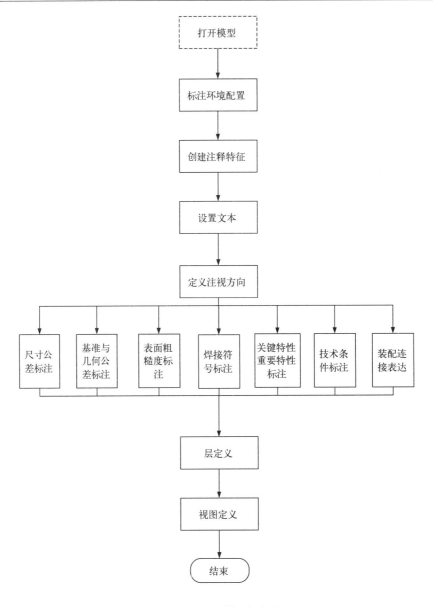

图 3-11 三维标注流程

3.1.4.3 标注管理

　　MBD 模型中通过平面标注的非几何信息特征集非常庞大，如尺寸、几何公差及文本注解等，如果让这些信息全部显示出来可能把整个设计几何模型覆盖，使模型显示画面非常混乱。除在几何模型区标注外，还对全三维模型中的标注信息通过标注集的功能实现集中、分类管理，有利于标注信息的快速查找与显示，让模型标注信息显示更为清晰。"三维图样"应以三维状态显示，并且应比"二维图样"直观，便于视读和容易理解，同时更节约图样，现有国际标准、国家标准均推荐此类显示方式，如图 3-12 和图 3-13 所示。

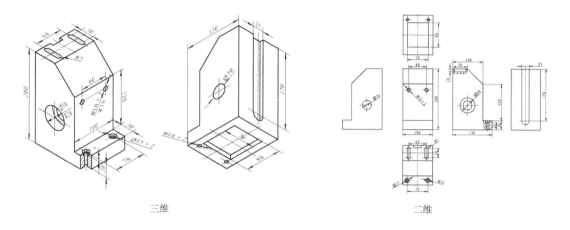

三维　　　　　　　　　　　　　　　　　　二维

图 3 - 12　三维与二维显示状态对比

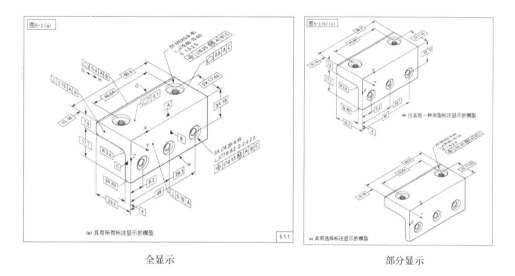

全显示　　　　　　　　　　　　　　　　部分显示

图 3 - 13　国际标准中的三维标注显示方式

　　标注显示管理的实现方式为视图。各行业和企业根据自身的需求，提出了不同的视图定义方式，在软件中视图定义包括视图方向、层管理、视图定义与关联等。

　　三维标注视图可按照标准规定的全显示、分类显示创建，一般包括全显示、尺寸与公差、表面粗糙度、焊接符号、技术条件、轴测图等视图，必要时增加剖视图、局部视图等。所有视图均以"三维"状态显示，模型初始显示视图为"轴测图"，其他视图的图层应隐藏。例如：在某 CAD 软件中视图的显示和隐藏通过图层关联实现。典型的缺省显示状态轴测图如图 3 - 14 所示，全显示视图如图 3 - 15 所示，尺寸与公差视图如图 3 - 16 所示，表面粗糙度视图如图 3 - 17 所示，焊接符号视图如图 3 - 18 所示，技术条件视图如图 3 - 19 所示，剖视图如图 3 - 20 所示，局部视图如图 3 - 21 所示。

图 3 - 14　缺省轴测视图

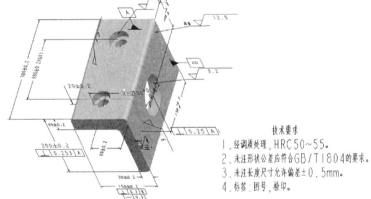

技术要求

1. 经调质处理，HRC50~55。
2. 未注形状公差应符合GB/T1804的要求。
3. 未注长度尺寸允许偏差±0.5mm。
4. 标签：图号，检印。

图 3 - 15　全显示视图

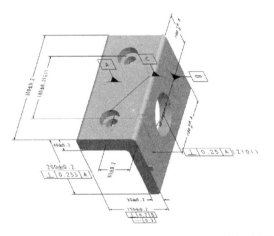

图 3 - 16　尺寸与公差视图

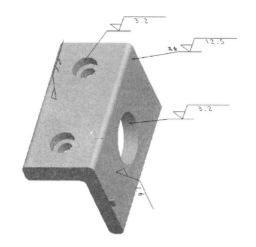

图 3 – 17　表面粗糙度视图

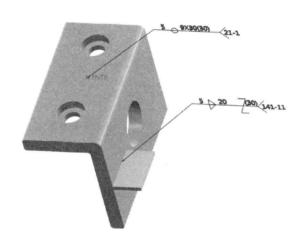

图 3 – 18　焊接符号视图

技术要求

1. 经调质处理，HRC 50~55。
2. 未注形状公差应符合 GB/T I804 的要求。
3. 未注长度尺寸允许偏差 ±0.5mm。
4. 标签：图号，检印。

图 3 – 19　技术条件视图

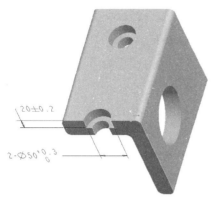

图 3 – 20　剖视图

图 3 – 21　局部视图

3.2　电气数字样机设计技术

运载火箭的电气系统主要包括控制、遥测、外测、安控、故障检测及推进剂利用系统等。它们为运载火箭提供了控制、测量及通信服务，构成运载火箭的重要部分，其性能的优劣，对运载火箭整体设计和质量的影响极其重大。

电气系统的研制过程是一个任务多、周期长、涉及专业领域广的系统工程，也是参与研制单位多、协调工作量比较大的工程项目。有限的时间、有限的研制经费和有限的人力资源，以及越来越高的研制质量要求都对传统的运载火箭电气系统的设计、试验和制造过程提出了更高的要求。另一方面，传统的仅依靠经验、实物试验的研制方式和依靠人工调度协调、串行工作的管理模式，一直制约着运载火箭电气系统的研制进度、质量和成本。正是在这种需求的驱动下，运载火箭电气系统的数字化成为必然的选择。

对运载火箭电气系统所有的电气产品及其研制过程进行分析，可以用 SOC（System on Chip）、单板、单机和系统四个层次来表述。这四个层次完整地覆盖了运载火箭所有电气产品及其研制过程。其中系统级的数字化研制和单板的数字化研制作为运载火箭电气数字样机设计的重要内容，越来越得到航天行业及相关机构的重视，更多相关的 EDA 工具，以及更丰富的设计方法走上历史的舞台，改变着传统的计算机辅助设计 CAD 技术。本节结合当前运载火箭电气系统数字样机的研制模式，阐述运载火箭电气数字样机设计技术及应用案例。

电气系统的研制输入是总体要求，以测量系统为例，包括型号总体和测控总体对测量系统的设计要求，其中，型号总体要求主要包括环境条件、测量参数表、与结构或其他电气系统的接口等；测控总体要求包括测控方案、天地接口等。测量系统根据总体的要求进行系统的研制，确定研制阶段，开展各阶段设计、仿真和试验，明确子系统和单机的研制要求，子系统和单机再开展下一层的设计、仿真和试验工作。典型的测量系统研制流程见图 3 - 22，目前整个系统的数字化设计集中在各阶段系统设备布置图的设计、系统电路图的设计、系统电缆网的设计及单机结构和电路设计方面。

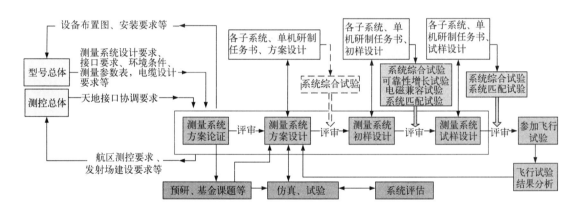

图 3 - 22　测量系统研制流程示意图

目前应用于系统级电气设计的 CAD 软件比较单一，主要是 AutoCAD 等二维设计软件。由于 AutoCAD 只是基于图形、而非基于数据的 CAD 软件，仅仅是计算机辅助绘图工具，其无法处理隐藏在图形背后的各设计数据之间的信息及关系。由于上述 CAD 软件在电气设计方面的缺陷，使得应用其设计出来的线缆线束图纸及其他资料仅仅停留在图形表示层面，而对于线缆线束设计过程中最重要的数据信息（包括线缆导线明细表信息、元件单元目录信息等）则完全需要人工提取、计算和记录。对于设计自动化、保持数据一致性等方面的急迫需求，传统的 AutoCAD 设计已经无能为力。

正是数字样机技术改变了传统设计技术的瓶颈，在三维结构样机实现几何设计数字化，并推动全三维下厂研制模式的形势下，随着计算机技术的不断发展，电气数字样机技术也日趋成熟。目前系统级电气数字样机设计主要包括如下内容：

（1）系统布置图设计

系统布置图设计完成对运载火箭仪器设备、线缆的总体布局。

（2）接线电路图设计

接线电路图设计主要针对系统线束，反映其具体的点对点连接关系。

（3）线缆线束设计

线缆线束设计输出最终生产所需要的图纸、报表等。

（4）电气单机数字样机设计

电气单机数字样机设计提供给总体设计开展全箭设备及线缆布局使用。

可以看出，设计的内容并没有太大改变，但基于先进 EDA 设计平台的电气系统从设计方法上实现了跨越。以某 EDA 设计工具为例，电气系统数字化电缆网设计流程如图 3 - 23 所示。根据系统功能要求及各单机设备的任务书要求，可以在数字化设计软件平台的原理图设计模块下进行总布置图的设计。总布置图完成后，依据总布置图及各个单机设备任务书在原理图设计模块下进行各个电原理图的设计。电原理图完成后，仪器电缆安装设计专业根据总布置图的电缆拓扑关系、电原理图中的导线信息，再结合产品实际结构，给出电气系统电缆网的各个分支的长度设计要求。以上信息完备后，最终在电缆网设计模块下自动生成电气系统电缆网。而设计的背后不仅仅是图纸，系统结合数据库将每一个连接关系和报表信息记录下来，信息在不同的设计人员间得到了再利用，实现了并行协同的设计模式。

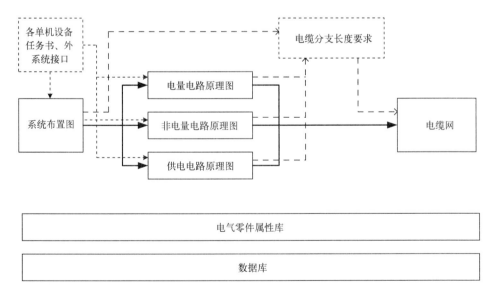

图 3 - 23　电气系统数字化电缆网设计流程

3.2.1 电气零件库建设

电气数字样机是由大量的信息数据组成的，这些数据在设计开展之前应统一存储在数据库中，以便设计师调用。以电气零件属性库为例，数据库管理员通常会根据产品需求，将电气设备、连接器、线缆、工艺用料等部件的具体属性信息录入。以 EDA 工具为例，由于设计界面与属性库集成度较高，可以方便快捷地调用这些信息，将传统的绘图模式演变成设计数据综合的一个过程，如图 3 - 24 所示，在绘图的同时，调用记录在服务器端 Oracle 数据库中的此类电气零件信息，在完成设计的同时，自动形成各类设计制造 BOM。

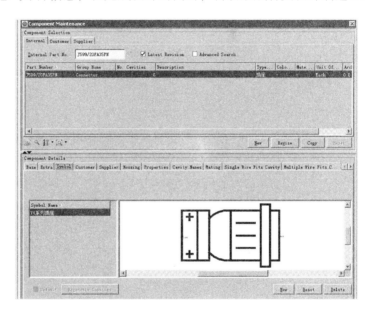

图 3 - 24 零件库录入示意图

3.2.2 系统布置图设计

在电气数字化设计中，首先要进行的是系统布置图的设计，如采用某 EDA 工具的系统设计模块进行布置图的设计，设计的表现效果如图 3 - 25 和图 3 - 26 所示。通过系统布置图设计，主要完成电缆网的插头代号信息、插头型号信息、电缆分支信息和设备互联信息等的输出。系统布置图设计主要过程如下：

(1)构建整个电气系统二维拓扑结构图

二维拓扑图形象地将三维数模装配及其电器分配相对位置展现出来，起到跨越二维与三维的中间桥梁作用，同时又反过来指导三维设计。

(2)关联原理设计

根据各设备在三维布局软件中确定的分布位置，关联原理设计，将原理设计中各设备放置到相应的相对位置，设计设备与设备之间的外部路径连接，为内部导线连接提供了条件。

（3）线束导线综合

按设计约束条件进行线束布局及布线。

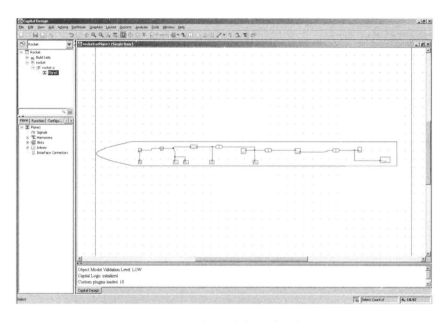

图 3 - 25　总布置图架构设计示意图

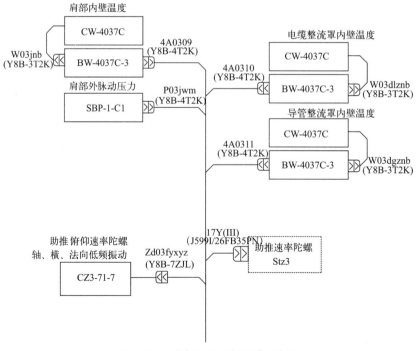

图 3 - 26　总布置图局部设计示意图

3.2.3 接线图设计

接线图设计是整个系统电气样机的核心部分，主要工作是完成系统级的逻辑电路、物理电路设计，并建立系统中各设备的连接关系、信号属性等基本信息。以图 3 – 27 为例，连接器 TBCL 的选型为 JF3 – 182ZK244，不同于传统设计，JF3 – 182ZK244 型插座的厂家信息、执行标准、针孔信息、外形轮廓、匹配连接器等信息在选型的同时，已存储在这张图纸底层的 EDA 设计数据库中。除了连接器，导线、多芯线、仪器设备的各种信息都被记录下来，还包括线束分配关系，这些信息为后续线缆线束设计，以及工艺制造提供了设计来源。此外，连接器之间存在连接关系的信息，也为后期开展电路信号的仿真提供了条件。接线图设计效果示意图如图 3 – 28 所示。

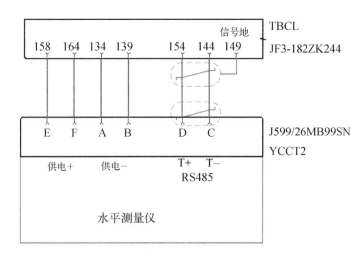

图 3 – 27 接线图局部示意图

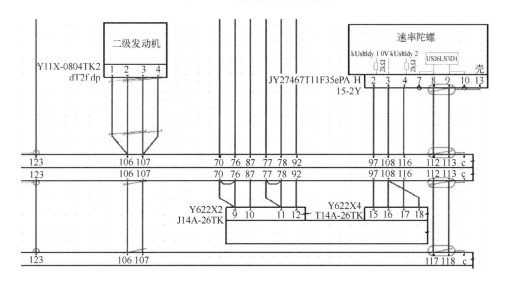

图 3 – 28 接线图设计效果示意图

3.2.4 线缆线束设计

线缆线束组成的系统电缆网是给运载火箭各仪器设备馈送电能、传递测量和控制信号的重要部件。作为系统级样机的最终产品之一，数字化线缆线束是检验电气数字化设计制造模式的关键指标。传统的设计模式中，电缆网设计需要大量的时间，绘制工艺连接关系，制作设计报表，大量简单重复性的工作在一定程度上影响了产品研制的效率与质量。通过引入数字化线缆线束设计，这一环节变得更加高效而可靠。在接线图设计中大量的物料、工装信息被记录下来，设计师通过计算机系统，能自动从接线图中继承这些关键信息，效率大幅提高。

线缆线束的主要设计流程为：

1）通过数据接口从三维模型以及二维接线图中导入设计数据；

2）由计算机自动完成设计有效性检查和工程化计算，包括：自动优化结合点位置，自动计算精确的导线长度、线束直径、胶带数量、套管长度等；

3）由 EDA 设计工具自动输出图形及原料报表下厂。

电缆网生成及报表统计的效果见图 3 - 29 和图 3 - 30。

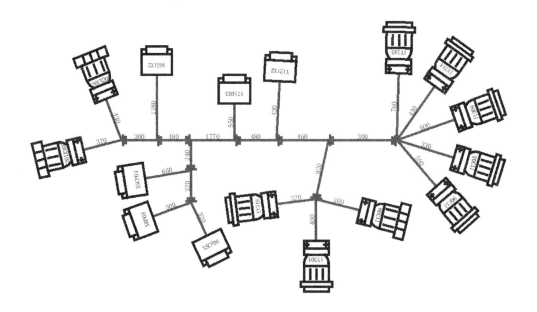

图 3 - 29 线缆样机设计效果示意图

Y710X3
J14T-26TJ

1Y316
J599/20FB35PN

节点	去向	节点2	型号	长度	成缆	跨线
1	1Y308	29	609C55A1122-24	0	MC2096	-
2	1Y308	30	609C55A1122-24	0	MC2097	-
3	1Y308	31	609C55A1122-24	0	MC2098	-
4	1Y308	32	609C55A1122-24	0	MC2099	-
5	1Y308	15	609C55A0112-24	0		
6	Y121X2	21	609C55A0112-24	1680		
7	Y121X2	21	609C55A0112-24	1680		
10	1Y308	38	609C55A1122-24	0	MC2096	-
11	1Y308	39	609C55A1122-24	0	MC2097	-
12	1Y308	40	609C55A1122-24	0	MC2098	-
13	1Y308	41	609C55A1122-24	0	MC2099	-
14	1Y308	22	609C55A0112-24	0		
15	Y121X2	22	609C55A0112-24	1680		
16	Y121X2	22	609C55A0112-24	1680		
26	1Y308	66	609C55A1122-24		MC2098	接地
26	1Y308	66	609C55A1122-24		MC2096	接地
26	1Y308	66	609C55A1122-24		MC2099	接地
26	1Y308	66	609C55A1122-24		MC2097	接地

节点	去向	节点2	型号	长度	成缆	跨线
1	1Y308	42	609C55A1112-24	860	MC1477	-
2	1Y308	50	609C55A1112-24	860	MC1478	-
3	1Y308	57	609C55A1112-24	860	MC1479	-
4	1Y308	63	609C55A1112-24	860	MC1480	-
5	1Y308	61	609C55A1112-24	860	MC1481	-
6	1Y308	62	609C55A1112-24	860	MC1482	-
7	1Y308	60	609C55A1112-24	860	MC1483	-
8	1Y308	64	609C55A1112-24	860	MC1484	-
13	1Y308	66	609C55A1112-24		MC1482	接地
13	1Y308	66	609C55A1112-24		MC1481	接地
13	1Y308	66	609C55A1112-24		MC1480	接地
13	1Y308	66	609C55A1112-24		MC1484	接地
13	1Y308	66	609C55A1112-24		MC1477	接地
13	1Y308	66	609C55A1112-24		MC1479	接地
13	1Y308	66	609C55A1112-24		MC1478	接地
13	1Y308	66	609C55A1112-24		MC1483	接地

图 3-30　线缆样机 BOM 效果示意图

3.2.5 电气和结构数字化协同设计

协同设计的核心思想是产品的体系优化建模和开发过程的集成。运载火箭设计通常包括机械结构、电气电子设备两大类，要求结构设计师、电气设计师在这样的环境下相互协同，尤其是在数字化技术的辅助下高效完成各自设计内容。

传统的电缆网研制流程中，结构中的三维布线和电气设计流程是完全分开的。人工提取的连接关系在实际的研制过程中，往往导致下游设计（包括三维布线、二维展平）的错误，而且设计效率不高。

在传统电缆网设计中，结构总体与电气系统设计师之间的信息传递以纸质文档为主，效率较低。在运载火箭结构总体设计中，三维电缆快速布线需要节点连接关系、电缆分支组成信息、导线信息、模型与连接器对应关系等信息完成电缆结构布局。这些信息可以从电气数字样机生成的报表中加工整理完成。在完成电气样机接线图设计后，相关电气属性信息将存储在数据库中，可通过 ECAD 软件的标准导出接口，生成 XML 格式文件，由三维电缆敷设系统负责读取、整理。以某 EDA 工具为例，由于接线图设计中的电连接信息均为"针到针"级别,通过标准 ECAD – MCAD 接口,系统会自动将同一起点和终点的多个插针线缆组合成束,使电缆敷设数据准备周期大大缩短,提高了三维布线效率。图 3 – 31 说明了 EDA 布线数据输出到结构 CAD 软件的过程。

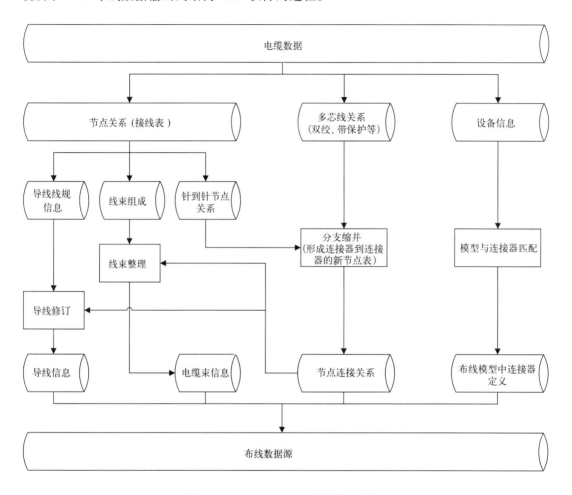

图 3 – 31　ECAD – MCAD 数据交互流程

　　EDA 设计工具提供的机械设计软件接口功能还可以实现三维线缆分支的二维展平,即在机械设计软件中完成三维线缆布局布线后,通过与 EDA 工具接口可输出电缆分支 XML 数据,EDA 工具线束样机设计模块可读取该数据并输出二维展平的电缆分支结构,见图 3 – 32。

　　电气系统作为航天型号的重要组成部分,其设计协同水平将对研制周期、产品质量起到至关重要的作用。本章阐述的机电工具协同方法,通过开发中间软件打通了设计数据链路,对型号产品协同研制发挥了积极作用。

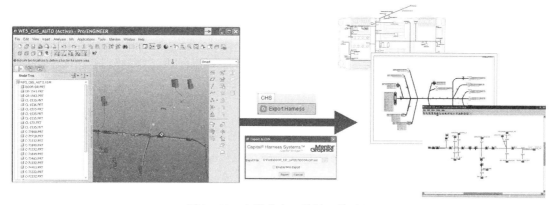

图 3 – 32 电缆分支三维转二维过程

3.3 数字样机快速设计

数字样机快速设计主要是指在通用 CAD 软件的基础上进行二次开发后形成新的功能模块，支持实现更加快速、方便、规范和准确地开展数字样机设计，以提高设计效率、缩短设计周期。在运载火箭的工程应用中，通用 CAD 软件并不能完全满足运载火箭数字样机快速设计的需求。为此，按照产品模块化的建设思路，融合多年积累的设计知识和经验，基于 CAD 软件二次开发技术，利用应用程序编程接口（API）开发了一批具有完全自主知识产权的快速设计工具，并逐步形成完整的数字样机三维快速设计工具体系，在运载火箭多个产品数字化设计中得到广泛应用。图 3 – 33 是已形成的运载火箭数字样机快速设计体系，包括三维电缆快速敷设系统、管路三维快速布局与设计系统、零部件智能布局系统、三维快速标注工具和模型检查工具等。

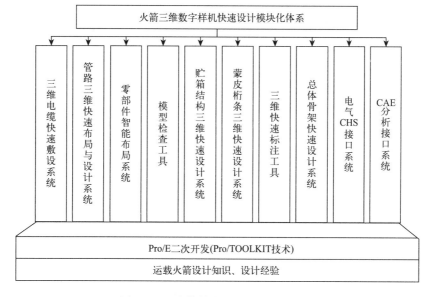

图 3 – 33 火箭数字样机快速设计体系

3.3.1 快速设计系统开发关键技术

3.3.1.1 概述

基于三维实体建模、参数化设计、特征造型等的通用三维 CAD 软件系统在国内已获得了广泛的应用。常用的三维 CAD 设计软件有 Pro/E(Creo)、UG NX、CATIA、Solid-Works，其中 Pro/E(Creo)是美国参数化技术公司(PTC)开发的，采用面向对象的统一数据库、参数化、基于特征、全相关的造型技术，Pro/E(Creo)提供多种二次开发途径供用户进行定制功能模块的开发，包括 J - Link、VB API 和 Pro/TOOLKIT 等，其中以 Pro/TOOL-KIT 接口库最为强大，可以访问绝大多数的 Pro/E(Creo)数据信息和开展功能调用，供用户最大程度地集成相关标准、流程和经验，进行功能定制。CATIA 是法国达索公司开发的高级 CAD/CAE/CAM 一体化软件，广泛应用于飞机、汽车和轮船等大型工程设计领域。为了满足用户个性化和专业化需求，CATIA 为用户提供了多种二次开发接口和开放式的内部命令集合，其中包括开放的基于构件的应用编程接口(CAA)和自动化对象编程(V5 Au-tomation)，前者是 CATIA 已有组件的定制开发，后者是交互式的定制开发，两者的共同特点是程序脚本均由第三方软件提供，其中 CAA 开发难度较大，但功能也最强大。

数字样机设计系统的开发技术涉及软件工程、计算几何、机械工程、线性代数、计算机图形学等多个专业学科的知识，需要在开发过程中进行综合应用，其中应用范围较广、通用性较强的三项技术方法为：模板派生技术、用户自定义特征(UDF)技术、自动装配技术。这些技术都在运载火箭数字样机设计过程中的箭体结构件模板库构建、增压输送系统三维管路设计和仪器电子设备箭上布局中得到了广泛应用。

3.3.1.2 模板派生技术

模板派生技术主要是通过修改参数来驱动三维模型自动再生，可以利用一个三维模型快速衍生出具有相同拓扑结构的所有模型，极大地提高结构相同模型的建模效率，进而能够实现变形设计。模板派生技术充分利用了全参数化三维设计软件的特点，利用 API 二次开发接口实现，通过提取设计参数并关联相应的接口函数，建立设计参数和模型尺寸之间的驱动关系，然后修改参数值，自动驱动模型尺寸改变及再生，实现过程如图 3 - 34 所示。图

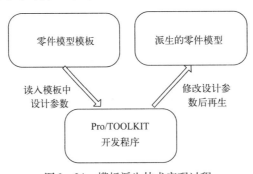

图 3 - 34 模板派生技术实现过程

3 – 35 展示了基于模板派生技术实现一个充气阀三维模型的快速变形设计。

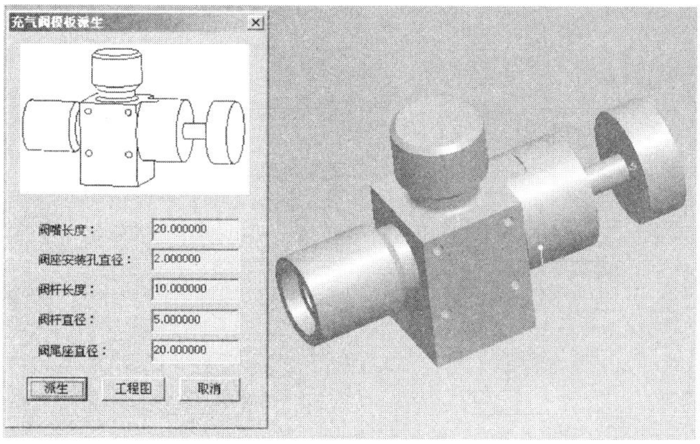

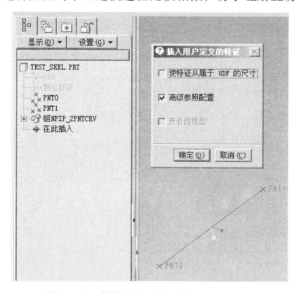

图 3 – 35　模板派生技术在充气阀变形设计中的应用

3.3.1.3　用户自定义特征技术

用户自定义特征(UDF)技术主要是将同一特征用于不同的零件上，或将若干个软件原有特征融合为一个自定义特征，使用时作为一个全局特征出现。在开发数字样机设计系统时，可以建立相应的用户自定义特征库，根据产品特点进行自由选用，快速构建一些重复出现的模型特征，如螺钉和螺栓的座孔、管路中心连接两点的管线等，提高三维建模效率。

以某 CAD 软件的用户自定义特征建立为例，需要预先手工构建载体模型，模型创建后定义要包含的几何特征、参考基准、可变尺寸及可变尺寸的记号，然后将这些信息存为一个后缀为 . gph 的文件。这样就可以在程序中通过这个文件来改变可变尺寸参数，从而产生所需的衍生特征。这种方法与手工建模过程比较相似，易于理解且易于实现。图 3 – 36 所

图 3 – 36　管线连接用户自定义特征 UDF

示的为连接管线创建 UDF，通过这种方法，在管线连接设计时，设计人员只需在程序中预先指定管线的两个端点，即可生成管线特征。

3.3.1.4　自动装配技术

自动装配技术是在设计全箭总装模型时常常需要装配大量的结构部段和分系统及单机模型的背景下提出的。对于运载火箭的产品，安装面主要为柱面、球面等二次曲面，若手动装配需要定义大量的基准特征作为约束参照，效率低下且容易出错。如管路设计中存在大量的接口阀门和支架，在管路布局前，需要安装到相应的安装面上。依据安装面的几何特点采用自动装配技术可大幅提高设计效率和设计质量。

为实现装配的自动化，深入理解 CAD 平台中的装配路径原理是关键。以某 CAD 软件为例，装配体的组成单元包括零件、子装配体及成品装配体。如图 3 – 37 所示，某 CAD 软件提供的是多叉树结构的层级模式装配模型，图中树的根节点是产品总成装配体，其他所有节点均为零部件。所有的部件节点又可分为叶节点和中间节点，其中叶节点是不可拆分的零件，而中间节点则为子装配体。多叉树的分支代表从属关系并标以整数标识 ID，分支只连接相邻的上下两层节点，表示下层节点是上层节点的组成部件。由此看来，零件节点只有父节点，产品总成装配体只有组成部件节点，而子装配体节点既有父节点又有组成部件节点。子装配体的层次结构与成品装配体是一样的，递归下去就形成了多层次的装配体产品结构树。因此，在某 CAD 装配体下，两个元件可能一样，但装配路径一定不同，可通过路径 ID 组来识别。ProAsmcomppath 的核心便是这一组由 ID 所构成的路径表，包含组成多叉树的根节点到该零部件节点路径的全局标识信息。在图 3 – 37 中，左下角第 5 层的元

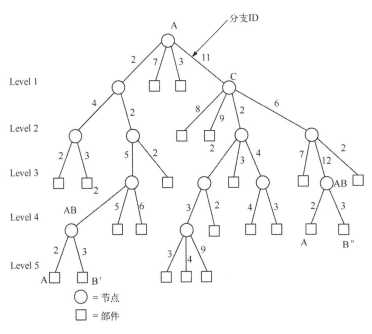

图 3 – 37　某 CAD 中装配体的层次结构

件 A 的路径表为 {2 - 2 - 5 - 2 - 2}，而右下角第 4 层的元件 A 的路径表为 {11 - 6 - 12 - 2}。通过路径标识，在 Pro/TOOLKIT 编程中可自动选择元件，进而实现自动装配。

3.3.2 典型数字样机快速设计系统

为了更好地说明运载火箭数字样机设计系统开发技术，本节以一些在运载火箭设计中典型的、已成功应用的快速设计系统为例，说明这些系统所解决的问题、采用的主要技术措施及实现效果。

3.3.2.1　三维电缆快速敷设系统

运载火箭数字样机设计目前采用的商用软件缺少专门针对运载火箭产品结构特点的三维电缆设计功能模块。它的电缆模块只适合电缆量很少的产品设计，对于电缆量较大的火箭箭上电缆网来说，布局、路径设计工作量大，设计修改完全依靠参数修改，修改过程繁琐，特征修复的时间很长，而且修改后容易出错，容易发生模型再生失败等现象。

针对三维电缆实际设计过程中的问题，三维电缆快速敷设系统在研制过程中主要瞄准解决现有商用软件电缆模块功能过于通用化问题，结合航天电缆产品设计特点和流程进行功能定制开发，以达到充分提高电缆三维设计效率，规范仪器电缆总装模型的建模过程，保证电缆模型质量的目的。对电缆三维设计功能的改进所采用的技术措施如下：

- 通过规范接口和电缆产品数据信息的表达，实现功能模块间信息传递的正确性和规范性；
- 通过信息解耦技术，降低布线模型对设备布局模型的依赖，避免设备丢失后电缆模型报错；
- 通过特征识别技术，实现电器元件自动检查、自动识别等功能；
- 通过特征匹配技术，实现便捷的电缆支架装配替换和电缆敷设路径定义功能；
- 通过装配参数驱动技术，实现仪器设备布局修改后总装电缆模型的快速调整；
- 通过最短路径识别技术，提供最短路径自动布线功能；
- 通过电缆分支映射技术，实现从电缆三维模型快速生成电缆二维分支图，并标记电缆长度；
- 通过曲线光顺优化技术，实现电缆捆扎和对弯曲半径属性的自动调整，避免电缆生成失效。

通过对实际需求的分析，并融入电缆设计知识和经验，三维电缆快速敷设系统的功能模块包含：模型设置、布线参考、网络路径、节点数据源、快速布线、电缆束、辅助工具、分支模型、分支图和支架替换 10 个设计功能模块，系统设计以电子设备模型、设备端口连接关系表(即节点关系数据源)、支架模型作为数据输入，通过各功能模块进行设计和信息传递，最终完成电缆三维敷设和电缆二维分支图的输出，如图 3 - 38 所示。

应用三维电缆系统的部分设计结果如图 3 - 39 所示，由电缆系统自动计算分析输出的分支图如图 3 - 40 所示。

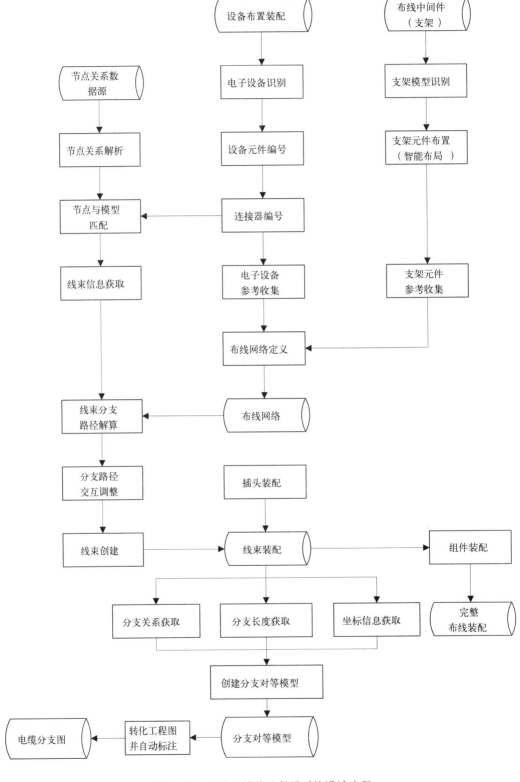

图 3 – 38　三维电缆快速敷设系统设计流程

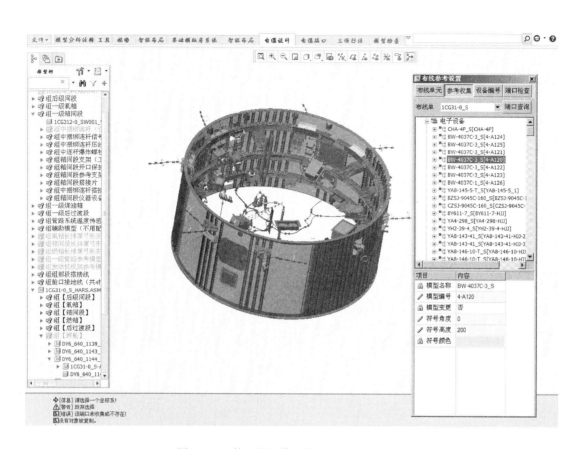

图 3 - 39 某型号电缆系统三维设计部分结果

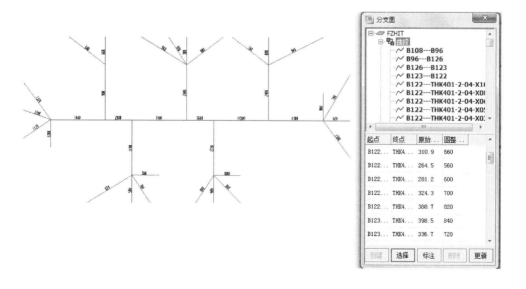

图 3 - 40 三维电缆系统自动生成的二维分支图

采用电缆三维快速敷设系统开展型号的三维电缆设计，帮助设计师有效提高电缆三维设计效率，相比使用商用软件通用电缆模块，原来 1 个月的三维设计工作周期缩短到 1 个星期，此外设计所得的电缆三维总装模型使得电缆实物的总装依据变得更加直观、准确，由基于电缆束三维模型计算输出的二维分支图中分支长度更加精确可靠，电缆产品的设计质量提升明显。

3.3.2.2　三维管路快速布局与设计系统

型号管路三维设计问题与电缆三维设计问题类似，运用通用模块布局设计、连接关系等要在管路总装骨架中完成，操作比较复杂、重复步骤多，模型可修改性差，造成后续设计修改困难，三维设计工作量大。

针对管路三维实际设计过程中的问题，三维管路快速布局与设计系统在研制过程中主要目标是充分提高管路设计工作效率，规范阀门管路总装模型的设计建模过程，保证管路三维模型质量。对三维管路快速布局与设计功能的改进所采用的技术措施如下：

- 通过特征识别和自动装配技术，实现小导管快速布局方案和三通、四通、接管嘴的匹配安装；
- 通过参数模板和自动装配技术，实现支架设计（支架零件设计、支架附件装配）、非管元件设计（法兰、波纹管、变径），建立常用法兰、波纹管、变径、三通等规格库；
- 通过参数识别和装配驱动技术，实现拼接管设计、防热层设计功能，并支持防热层零部件的统一调整管理；
- 通过信息提取、二维工程图投影映射和自动装配技术，实现管路总装工程图的快速创建和管理，支持管道组件（含小导管）自动实现总装工程图创建和管路折弯信息的自动提取；
- 通过信息判读和提取技术，实现管系的设计与分析接口，支持从管系中直接读取设计信息，自动生成可导入 Abaqus 分析软件的管路简化模型。

通过对实际需求的分析，并融入管路设计知识和经验，三维管路快速布局与设计系统功能模块包含：阀门元件、断点定义、管线创建、管系构建等。系统设计以阀门元件、骨架法兰坐标、骨架规则曲面作为数据输入，通过各功能模块进行设计和信息传递，最终完成管系定义与设计，如图 3 - 41 所示。

应用三维管路快速布局与设计系统的典型设计结果如图 3 - 42 所示。

采用三维管路快速布局与设计系统开展型号的三维管路设计，帮助设计师有效提高了管路三维设计效率，相比使用商用软件通用管路模块，原来 1 个月的三维设计工作周期缩短到 1.5 个星期，此外设计所得到的管路三维总装模型使得管路实物的总装依据变得更加直观、准确，由基于管路三维模型计算输出的管路折弯信息更加精确可靠，可直接输入到管路折弯机中，作为小管路折弯的生产参数，管路系统产品的设计质量提升明显。

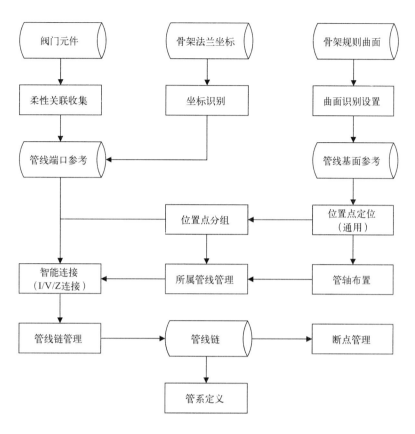

图 3-41 三维管路快速布局与设计系统设计流程

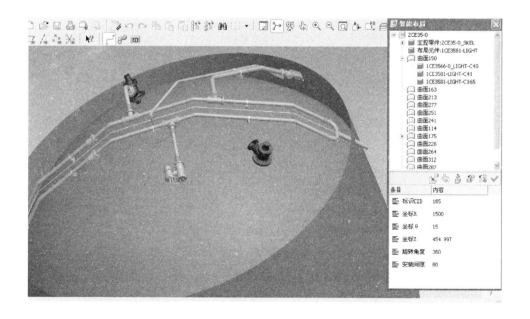

图 3-42 某型号管路系统设计部分结果

3.3.2.3　三维快速标注工具

在运载火箭三维设计标注中，现有商用软件三维标注功能通用性较强，专用性不足，具体体现为：对标注尺寸的格式、视图的定义等的统一设置重复操作步骤较多，影响了标注效率；对铆钉和螺栓等紧固件的标注、焊接的标注、表面粗糙度的标注缺少专用标注功能。

针对三维标注实际过程中的问题，三维快速标注工具在研制过程中主要解决现有的商用软件三维标注功能通用性过强、专用性偏弱的问题，提高三维标注效率，规范三维标注过程，保证三维标注质量。三维快速标注工具所采用的技术措施如下：

1）通过同类几何要素识别判读技术，实现三维详细模型同类尺寸的快速连续标注，批量修改和调整；

2）通过将三维注释特征的字体大小、颜色等属性集中管理和操作，定制开发专用的三维标注显示属性控制工具；

3）通过模板图标化技术，将基准符号、形位公差、表面粗糙度、焊接符号等以图形化界面进行操作；

4）通过梳理总结航天产品技术条件，形成结构化分类选择条目，开发专用技术要求工具，快速选用条目组建技术要求。

通过对实际需求的分析，并融入箭体尺寸标注知识和经验，三维快速标注工具包含：尺寸标注、形位公差、文本注释、技术要求、表面标注、焊接符号等功能模块。三维快速标注工具操作界面示意图如图 3-43 所示。

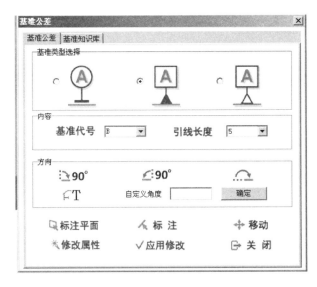

图 3-43　三维快速标注工具界面示意图

采用三维快速标注工具在基于 MBD 的型号数字化研制过程中，对设计师三维标注操作的效率提升明显。基准符号、形位公差、表面粗糙度、焊接符号功能模块将航天产品常用的符号以图形化形式呈现在操作界面上，设计师直观明了进行点击选取，进而完成三维标注。技术要求功能模块以知识库形式将航天产品常用技术条件逐条列举出，方便设计师快速选取标注。相比使用商用软件通用标注模块，将原来 1 周的三维标注工作周期缩短到 2 天。

3.3.2.4　模型检查工具

对运载火箭数字样机进行有效性和规范性检查时，常出现由于缺少安装坐标系、着色不规范、参数填写不规范等原因导致模型验收不能通过，设计人员和模型验收人员手动检查重复工作较多。为了减少反复协调次数，降低模型修改工作量，提高验收工作效率，借助商用软件二次开发技术，结合火箭零部件固有的产品特点，开发出专用的模型检查与设置软件，将三维建模标准或规范以软件的形式固化起来，对三维模型进行批量检查和快速设置，实现对各系统提交模型自动检查。

针对型号产品模型检查过程中出现的问题，模型检查工具在研制过程中根据航天产品中建模要求和标准，解决现有的商用软件模型检查模块较弱或缺失问题，提高模型检查效率，规范模型检查过程，保证模型检查质量。对模型检查的改进所采取的技术措施如下：

1）通过参数配置技术，实现按型号、研制阶段、分系统、检查项目、检查内容、检查要求的可配置项选择进行检查；

2）通过遍历技术，实现批量模型的自动检查和自动修改；

3）通过表单结构化技术，实现模型检查结果自动报表输出，并允许对检查结果进行忽略处理；

4）通过端口识别技术，实现专用接口的快速定义（包括安装接口、管道接口、电缆接口）。

模型检查工具包含：配置检查、单件检查和批量检查等功能模块。模型检查工具的对话框界面如图 3 - 44 所示。其中，自动生成的验收检查项目结构化表单结果如图 3 - 45 所示。

图 3 - 44　模型检查工具的对话框界面

验收检查项目清单

数字样机中文名称		综合控制器	产品代(图)号		基线号	
序号	类别	检查项目	验收要求		检查结果	备注
1	模型数量	模型齐套情况	是否符合验收产品清单要求,且产品清单签署完整。			
2	文档资料	数字样机设计质量分析报告	是否符合附录B《数字样机质量检查确认要求》。			
3	设计规范性	建模软件版本和模型格式	是否符合附录C《初样数字样机交付通用要求》规定的软件版本和格式。		.asm	
4		模板使用	是否按照附录C.1《Pro/E基础环境配置及模型应用要求》,正确定义了毫米、千克、秒单位制		√	
5		模型属性	是否符合附录C.1《Pro/E基础环境配置及模型应用要求》,正确定义PINDEX、CINDEX、PTC_COMMON_NAME、PHASE_CODE等参数且值正确。		×	部分定义参数未创建或未指定
6		模型命名	是否符合附录C.2《Pro/E模型文件命名通用要求》。		√	
7		模型着色	是否符合附录C.3《Pro/E三维模型着色与外观标识要求》。		×	模型颜色设置错误
8		外观标识	是否符合附录C.3《Pro/E三维模型着色与外观标识要求》,正确定义了仪器标识、系统接口标识。			
9		安装坐标系	是否符合附录C.4《Pro/E三维模型坐标系定义要求》。		√	
10		象限标记	是否符合附录C.4《Pro/E三维模型坐标系定义要求》正确定义了象限标记。			
11		模型简化	是否符合附录C.5《Pro/E三维模型简化通用要求》。		√	
12		层状态	是否符合附录C.6《Pro/E三维模型层状态清理要求》。		×	部分层不存在或未隐藏
13	设计正确性	尺寸标注	是否符合附录C.7《Pro/E三维模型几何标注要求》,正确定义了尺寸公差。			
14		运动机构	是否符合附录C《初样数字样机交付通用要求》正确定义了运动副和运动包络。			
15		质量特征	是否符合附录C《初样数字样机交付通用要求》正确设置了密度、质心和质量。		√	
验收方技术负责人签字						
交付方技术负责人签字						

图 3-45　模型规范化检查结构化表单结果

　　通过模型检查工具的研制,将运载火箭数字化研制中总结编写的标准、规范,以知识库的形式集成在软件工具中,以直观的方式对检查结果进行显示,自动输出结构化表单,方便标检验收人员快速定位规范性问题,提升模型规范检查效率。相比人工手动检查,将原来3天的规范性验收时间缩短到1天。

第4章 数字样机管理技术

航天领域产品的研制过程都实施严格的技术状态管理，设计文件、设计图纸的编制及更改必须按照航天行业标准 QJ 3118—1999《航天产品技术状态管理》执行。在新的全三维研制模式下，数字样机作为设计图纸的替代物，其技术状态管理方法与传统的基于二维图纸的航天产品技术状态管理方法有所不同。

本章基于运载火箭数字样机产品数据特点，阐述了运载火箭数字样机管理技术内涵，包括：数字样机验收与评审流程、数字样机技术状态管理方法、数字样机 BOM 构建与应用方法、数字样机管理平台等内容。

4.1 数字样机管理技术

运载火箭数字样机设计过程管理是数字化研制中的重要环节。运载火箭数字样机研制的发展历经多年，实现了 IPT 协同和箭体全三维下厂制造，形成了一套数字化研制流程，具有自身的特点和经验做法。在型号数字样机设计中，探索出了自顶向下、并行协同的设计流程，以产品 MBD 数据集为设计唯一输出，以产品数字样机三维模型为设计核心。与传统研制模式相比，数字样机设计不再以二维工程图和纸质设计文件为主要管理对象，而是依托 PDM 系统为协同和管理平台，以产品结构和数字样机三维模型为主要管理对象，对设计图纸的质量控制转变为对数字样机的质量控制，对图纸技术状态的控制转变为对数字样机技术状态的控制。同时，数字样机三维模型等采用产品结构节点和电子文档的形式进行储存和管理。由此可见，运载火箭数字样机管理是型号研制管理的一次变革。

首先，数字样机管理的突出特点为数字样机质量控制的变化。数字样机设计技术，包括数字化产品定义、数字化预装配、单一产品数据源和数据共享、设计制造的并行工程、全数字化环境与协同工作、全面的产品数据管理等，随着数字化研制工作的深入推进，数字样机设计技术得以广泛的应用。这些技术的应用，带来了质量控制要求的变革。运载火箭数字样机设计必须遵循现有的航天型号质量管理体系和产品保证体系。采用型号零缺陷系统工程管理的经验、方法，遵照航天型号产品数字化研制流程，在确定的型号数字化设计流程基础上，经过不断的总结、积累，通过对型号产品数字样机设计、验收、交付、集成、分析等关键点的控制，在航天产品质量管理活动的基本框架基础上，确立了数字样机质量保证和过程质量控制的新体系，并针对数字化设计制定了一套以产品数字样机为核心的质量控制办法，实现产品数字样机的质量受控，形成航天产品数字化设计的质量管理流程。

产品数字样机质量控制的第一个环节是数字样机设计质量控制。除了满足设计任务书或技术要求外，数字样机的设计质量还应遵循三维设计的规范和建模方法，保证同类产品数字样机的一致性，并与下游使用人员达成一致性共识。数字样机设计质量的控制方法为质量验收，包括对数字样机规范性、符合性的检查，质量验收通常在数字样机设计即将结束时开展。在型号各阶段研制即将结束、转入下一阶段研制工作前，要对数字样机设计开展阶段评审，如方案阶段数字样机评审、初样阶段数字样机评审等，评审中要检查数字样机设计、数字样机仿真等相关工作开展情况，并以多媒体手段演示数字样机的各项指标是否满足设计要求。

产品数字样机质量控制的第二个环节是数字样机技术状态控制。在 PDM 系统中，通过三级审签使数字样机技术状态受控，保证标识具有唯一性，模型版本可追溯，数据分发通过可控的渠道进行。如果进行数字样机技术状态的更改和偏离，需通过特定的流程和管理要求实施，更改通常需要版本升级。

数字样机管理另一个突出特点是产品的数据管理。数字样机产品数据为电子文档，首先需要建立 PDM 系统进行存储和数据共享，不同专业相互共享需要系统具备权限分配功能。在 PDM 系统中以产品结构及其 BOM 为核心对产品数据进行组织管理，通过产品结构实现相互关联，以 BOM 组织产品审批、分发等管理工作。

目前，产品数据管理已经较为普遍地应用在国内外企业的产品研发过程中。产品数据管理普遍为人们所接受的定义是 CIMData 公司 EDMiller 提出的：PDM 是一门用来管理所有与产品相关信息和所有与产品信息相关过程的技术。其概念包括了两大部分的信息：

1）管理与企业产品相关的所有研发信息，包括产品零部件信息、结构配置信息、各类 CAD 文件、CAM 文件、CAE 文件、物料清单、产品订单、审批信息等；

2）管理与所有产品相关的过程，包括零件加工工序、工作标准和方法、工艺流程、工装流程、产品设计发放过程、产品设计变更过程、产品数据审批过程等。作为产品数据管理的工具，PDM 系统在复杂产品的研发过程中必不可少，国内外航空航天行业均已经开展了广泛的应用。

波音公司与法国达索公司开发的全球协同环境 GCE（Global Collaboration Environment），核心是 CAD/CAM 及配套的 PDM 软件：用于 CAD 设计的 CATIA V5、用于模拟零件和元件在工厂制造过程的 DELMIA 数字制造包和用于管理维护 787 飞机所有产品数据的 Enovia。正是由于全球协同环境 GCE 的应用，波音公司实现了 135 个工作地点、180 个供应商的数字化协同，如图 4 - 1 所示。

空客公司基于 PTC 公司的 PDM 软件（Windchill）开发了一套产品相关信息管理系统 PRIMES（Product Related Information Management Enterprise System），紧密整合了各个分支机构遗留的各种工作组级系统（例如，Airbus 德国实施的 VPM 系统，Airbus 英国实施的 Opetgra 系统），解决了异构系统的集成和数据统一管理的难题。正是由于 PRIMES 的成功实施，空客实现了 A380 的研制周期比 A340 缩短 25%、成本减少 50%、利润增加 10%、乘员增加 50%，确保了 A380 顺利首飞。

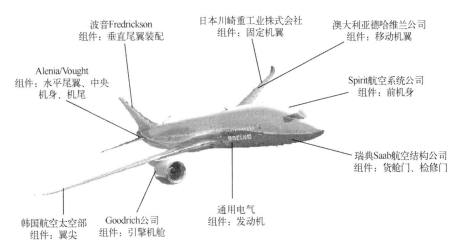

图 4 - 1　波音 787 全球化生产网络

波音公司与空客公司的案例，充分证明了 PDM 系统已成为飞机等复杂装备全生命周期研制过程的重要管理工具。

国内航天航空制造业也十分关注在产品全生命周期内采用 PDM 这一强有力的工具，尤其对需要按订单设计、产品结构复杂、设计周期长、设计工作量大的企业更是如此。调查显示，PDM 在国内的应用主要集中在航空航天、汽车、电子、造船等行业，如图 4 - 2 所示。

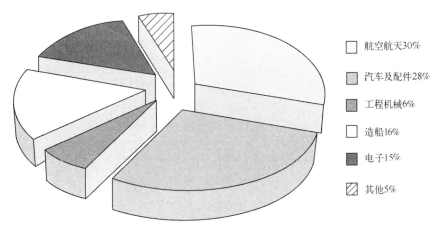

图 4 - 2　PDM 在国内应用的行业分布

4.2　数字样机验收与评审

数字样机是型号开展数字化工作的基础，如果产品的数字样机不完备、不正确、不规范，将直接影响运载火箭数字模装的结果以及产品数字化制造和装配的正确性，因此在对型号数字化设计过程的管理中，产品数字样机的验收和评审是非常重要的一个环节。

4.2.1　数字样机验收

（1）数字样机验收的依据

数字样机验收的依据包括以下内容：

1）数字化设计大纲、数字样机技术配套表；

2）数字样机设计任务书（设计要求）；

3）上级对下级发布的骨架模型；

4）相关标准规范；

5）产品说明书和设计要求；

6）产品技术状态变更情况。

（2）验收程序

组织成立验收组，单机验收组组长由系统副总师或主任设计师担任，分系统验收组组长由总体副总师或主任设计师担任。验收组应包括型号主管、质量管理人员、设计人员和数字化人员。

（3）验收流程

产品数字样机质量验收按照验收准备、预验收、验收评审、验收总结四个阶段进行，基本流程如图 4-3 所示。

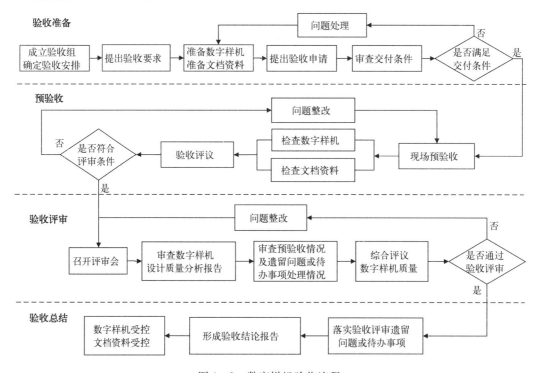

图 4-3　数字样机验收流程

①验收准备

验收方组织成立验收组，确定验收安排，并提出验收要求。交付方准备应交付的数字样机和数字样机设计质量分析报告，并按型号研制计划提出验收申请。经验收方审查具备验收条件后，交付方准备验收材料。

②预验收

验收方技术人员按验收检查项目清单审查数字样机和数字样机设计质量分析报告，做到各项检查"眼见为实"，并填写验收检查项目清单的相关内容。验收方提出预验收意见，交付方据此进行整改，并在验收检查项目清单上双方签字确认检查结果。

③验收评审

验收方组织验收评审会，验收组听取交付方的数字样机设计质量分析报告及预验收情况汇报，对数字样机质量做出综合评议，形成验收评审结论，确定验收评审遗留问题或待办事项以及相关的处理意见。

④验收总结

交付方对验收评审遗留问题或待办事项进行落实整改，并在规定时间内将落实整改情况报验收方复验。验收评审结论由验收组组长签字认可，并由验收方编写验收结论报告。交付方完成数字样机及相关文档资料的受控工作。

(4)验收内容

运载火箭数字样机验收检查主要包括符合性项目和规范性项目两类。

数字样机符合性检查项目主要包括：

1)检查模型几何外形、外形尺寸、接口尺寸是否符合任务书要求；

2)检查模型标识(如飞行方向标识、敏感方向标识、设备代号标识、中文名称标识、接插代号标识、气流或液流方向等)是否符合任务书要求；

3)检查模型电气接口关系(接口位置、对应接口代号、数量)、机械接口关系(安装坐标系、安装面、管路接口)是否符合任务书要求；

4)检查运动机构设计是否符合任务书要求；

5)检查三维模型内部干涉及间隙是否符合任务书要求；

6)检查模型质量特性(体积、面积、平均密度或密度、理论或实测质量、质心位置、转动惯量)是否符合任务书要求；

7)检查模型带螺纹接口尺寸标注是否明确螺纹规格和配合精度，如 $M12 \times 1 - 6H$；

8)检查模型带减振垫或阻尼器是否在结构上有相应特征表示，如惯组、变换器等；

9)检查模型带液位点位置标注是否明确了测量基准，如点式加注传感器应在液位点附近指定精度较高的基准或曲面特征作为可测量基准，并在模型中注释说明；

10)检查模型带双道密封面的位置是否明确着色区分，如插深液温传感器；

11)检查模型有无特殊安装说明(如带有活动螺母的液温传感器)，如有应给出注释，注释名称改为安装说明。

三维模型验收规范性检查项目主要包括：

1）按型号数字化大纲或相关标准检查建模软件及其版本、模型格式是否符合要求；

2）按相关标准检查建模模板选用和模型属性设置是否符合要求；

3）按相关标准检查模型坐标系定义及命名是否符合要求；

4）按相关标准检查模型命名是否符合要求；

5）按相关标准检查模型着色和标识是否符合要求；

6）按相关标准检查密度和单位设置是否符合要求；

7）按相关标准检查模型简化是否符合要求；

8）按相关标准检查运动机构模型是否正确定义了运动副或运动包络；

9）按相关标准检查模型是否进行了必要的三维标注；

10）按相关标准检查装配模型约束是否完整；

11）按相关标准检查模型是否进行了清理和隐藏处理。

4.2.2　数字样机评审

数字样机是型号数字化工作的主要对象，利用数字样机可提前评估型号产品的设计符合性、使用适用性、可制造性和各系统间的协调性。根据评估结果，可提前完善设计，修改不合理的结构。同时，数字样机具备比实物更清晰快捷展示产品设计结构的功能，在型号研制过程中，数字样机在阶段评审中的作用和价值越来越大。

（1）数字样机评审目的

数字样机评审的主要目的是评估和保证以下内容：

1）与设计要求的符合性；

2）各系统间的协调性；

3）可制造性；

4）可装配性。

（2）数字样机评审依据

数字样机评审的依据包括以下内容：

1）合同和研制总要求；

2）总体技术方案；

3）系统设计要求；

4）型号及各系统维修性大纲；

5）型号质量保证大纲；

6）型号标准化大纲。

（3）评审条件

提交评审的数字样机需满足以下条件：

1）提交评审的数字样机已经符合数字化设计标准规范规定的要求，并经检查合格；

2）根据研制需要已完成基于数字样机的模装、干涉检查、系统协调、质量特性计算、人机装配可行性验证、维修可行性验证、靶场流程仿真等数字化工作；

3）提交评审的数字样机应为有效受控状态；

4）评审环境可支持数字样机实现交互性，如具备浏览和展示功能等。

（4）评审准备

数字样机评审准备项目包括：

1）评审依据；

2）数字样机评审项目；

3）数字样机；

4）自查报告，按照数字样机评审项目完成自查，形成相应的测试报告提交评审；

5）相关的文件、标准、图片、幻灯片和视频等资料；

6）数字样机研制总结报告。

（5）评审程序

运载火箭数字样机评审按研制阶段进行。根据数字样机评审目的确定数字样机评审机构的人员组成，评审组设组长一人，成员若干，组长由型号总师或副总师担任，成员要经过评审组长和质量管理部门负责人审查，以同行专家为主，同时包括研制方技术人员及型号主管、质量部门主管人员、型号专业技术人员和上级部门代表。

（6）评审流程

数字样机阶段评审流程如图 4 - 4 所示。

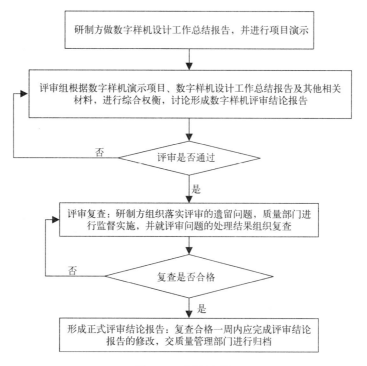

图 4 - 4 评审流程

（7）评审项目

数字样机评审是按照产品研制阶段开展的，包括方案阶段数字样机评审、初样阶段数字样机评审、试样阶段数字样机评审。根据所处研制阶段的工作任务特点，确定所开展的数字样机评审项目，制订评审计划，并按计划开展相关的数字样机评审工作。

数字样机评审的主要项目一般包括设计情况、数字模装协调情况、面向制造的数字样机情况、仿真与试验预示情况和技术状态确认情况等，包括检查和测试项目、演示项目。

①方案阶段

重点对方案设计情况、方案数字模装开展情况进行审查，主要检查和测试项目有：

1）方案设计情况：不同设计方案数字样机进行对比，分析是否满足用户要求。

2）方案数字模装：

- 数字样机外形包络、内部空间是否满足用户需求；
- 总体布局是否合理；
- 数字样机的协调性是否满足要求；
- 静态干涉检查和测试；
- 动态干涉检查和测试。

3）其他：

- 型号数字化大纲规定的数字样机工作项目是否全部完成；
- 工作中暴露的问题是否全部已解决。

主要演示项目有：

1）方案设计情况：不同设计方案的数字样机的初步外形演示或外形效果图演示。

2）模装协调：

- 总体和分系统布局演示；
- 全弹箭数字样机漫游演示；
- 干涉检查情况演示；
- 运动机构仿真演示。

②初样阶段

重点对初样详细设计、初样数字模装、三维制造样机、初样试验预示开展情况进行审查，主要检查和测试项目如下。

1）初样数字模装：

- 装配区域、装配层次的划分是否合理；
- 部件之间的装配协调性；
- 部件之间的间隙是否满足要求；
- 部件的装配操作和维修性是否满足要求；
- 运动机构是否满足设计要求；

- 动态干涉检查和测试。

2）初样三维制造样机：初样三维制造样机的完整性、正确性和规范性检查。

3）初样仿真与试验预示：

- 试验预示结果检查，如强度试验、模态试验、分离试验预示等；
- 装配仿真检查和测试；
- 可维修性仿真检查和测试。

4）其他：

- 型号数字化大纲规定的数字样机工作项目是否全部完成。

主要演示项目有：

1）初样数字模装：

- 各系统设备三维模型、布置图及布局效果演示；
- 全弹箭数字样机漫游演示；
- 按主要功能或设计工艺分离面划分的各个舱段模型的漫游演示；
- 结构复杂、电缆与管路较多的舱段提供单独的舱段三维数字样机漫游演示；
- 各功能部件的功能演示；
- 干涉检查情况演示。

2）初样三维制造样机：

- 三维制造样机演示；
- 装配工艺仿真模型演示。

3）初样仿真与试验预示：

- 强度试验、模态试验、分离试验等试验预示项目演示；
- 部段及关键单机虚拟拆装操作、维修性仿真演示；
- 运动机构仿真演示。

③试样阶段

重点对试样设计完善、试样三维制造样机、试样试验预示开展情况进行审查，主要检查和测试项目有：

1）试样数字模装：

- 数字样机的协调性是否满足工作要求；
- 数字样机的间隙是否满足工作要求；
- 全弹箭零部件及单机的虚拟拆装、可操作性和可维修性是否满足要求；
- 人机工程仿真是否满足要求；
- 运动机构是否满足设计要求；
- 静态干涉检查和测试；
- 动态干涉检查和测试。

2）试样三维制造样机：试样三维制造样机的完整性、正确性和规范性检查。

3）试样仿真与试验预示：

- 大型地面试验和飞行仿真预示结果是否满足设计要求；
- 装配仿真检查和测试；
- 可维修性仿真检查和测试；
- 流程仿真检查和测试。

4）其他：

- 型号数字化大纲规定的数字样机工作项目是否全部完成；
- 数字样机工作中的问题是否全部已解决。

主要演示项目有：

1）试样数字模装：

- 全弹箭数字样机漫游演示；
- 干涉检查情况演示。

2）试样三维制造样机：

- 三维制造样机演示。

3）试样仿真与试验预示：

- 全弹箭零部件及单机的虚拟拆装、可操作性、可维修性的演示；
- 运动机构仿真演示；
- 人机工程仿真演示；
- 大型地面试验流程仿真演示；
- 飞行仿真演示。

4.3　数字样机技术状态管理

　　运载火箭数字样机设计过程管理，是依托 PDM 系统，以产品结构为核心的技术状态管控。在 GJB 9001B《质量管理体系要求》中，规定了产品技术状态管理的四项内容：技术状态标识、技术状态控制、技术状态纪实和技术状态审核。在实施中，这些措施固化在 PDM 产品数据管理系统中，实现产品数字样机设计数据的审签、更改、偏离和分发。

4.3.1　审签

　　数字样机设计数据送审遵循"谁设计，谁送审"的原则。送审时，首先依据产品结构节点创建设计数据审签单，接着在产品结构节点下挂接三维模型、明细表等，最后通过设计数据审签单批量送审。图 4 - 5 为三维设计数据的完整审签流程，一般包括设计（编写）—校对—审核—工艺—会签—标审—批准。

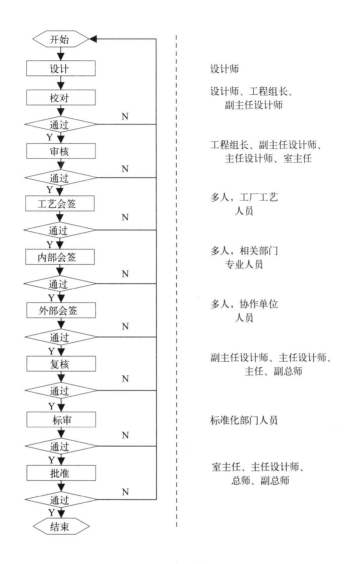

图 4 – 5　审签全流程

　　其中，会签环节分为系统内部会签和系统外部会签。以运载火箭产品三维协同研制为例，系统内部会签过程为：主管工艺接收工艺会签任务；主管工艺指派参与会签的车间工艺，并在会签任务说明中描述相关车间工艺负责的会签任务；各车间工艺同时接收会签任务，根据工艺路线对本车间相关的三维设计模型进行并行工艺审查，完成会签任务；当所有会签任务完成时，审签流程自动转入标审环节；会签任务进度由流程创建者（主管设计师）督办。

　　系统外部会签采用纸质文件手工会签，采取的方法为：流程创建者将过程数据和《技术文件会签跟踪卡》拿到外单位进行手工会签；会签同意后由流程创建者（主管设计师）将三维设计模型的会签意见录入系统，同时将《技术文件会签跟踪卡》扫描入系统中，在填写名称时应含有"跟踪卡"字样，作为审签附件。设计师在送审时需要检查并确认三维设计模型符合审签完整性要求，具体检查项见表 4 – 1。

表 4 – 1　三维设计模型的审签完整性

三维设计模型种类		审签完整性						
名称	文档后缀	设计	校对	审核	（工艺）	（会签）	标审	批准
1. 模型								
部件（PART）	—	△	△	△	—	—	△	△
骨架模型	. prt	△	△	△	—	○	△	△
零件模型	. prt	△	△	△	△	—	△	△
部件装配模型	. asm	△	△	△	△	—	△	△
组件、整件装配模型	. asm	△	△	△	△	—	△	△
火箭装配模型	. asm	△	△	△	△	○	△	△
2. 文字内容设计文件								
更改单	. doc	△	△	△	△	○	△	△
技术通知单	. doc	△	△	△	△	○	△	△
质疑单	. doc	△	—	△	—	—	△	△
3. 表格内容设计文件								
明细表	. doc/. xls	△	△	△	—	○	△	△
其他表	. doc	△	△	○	—	○	△	△

注：△表示应签署；○表示视需要签署；—表示不需要签署。

4.3.2　更改

遵循航天更改控制要求，对运载火箭 PDM 进行了定制和开发，形成了一套适用于运载火箭全三维数字化研制、具有航天特色的数字样机三维更改管理体制。

（1）更改流程

更改管理是系统中重要的三维设计数据技术状态控制手段，遵循航天标准中的更改控制要求，其中更改数据包括三维模型、产品结构数据、明细表等。设计师在执行三维更改时，操作过程应按照推荐的方式规范进行，否则易造成流程应用混乱、数据遗漏等问题，反而降低更改工作的效率。在系统中，三维设计数据更改分为"更改申请"和"更改审批"两个过程，执行过程如图 4 – 6 和图 4 – 7 所示。

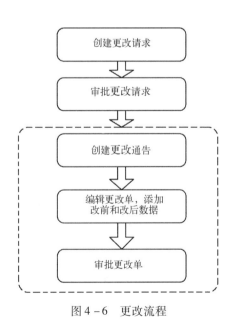

图 4 – 6　更改流程

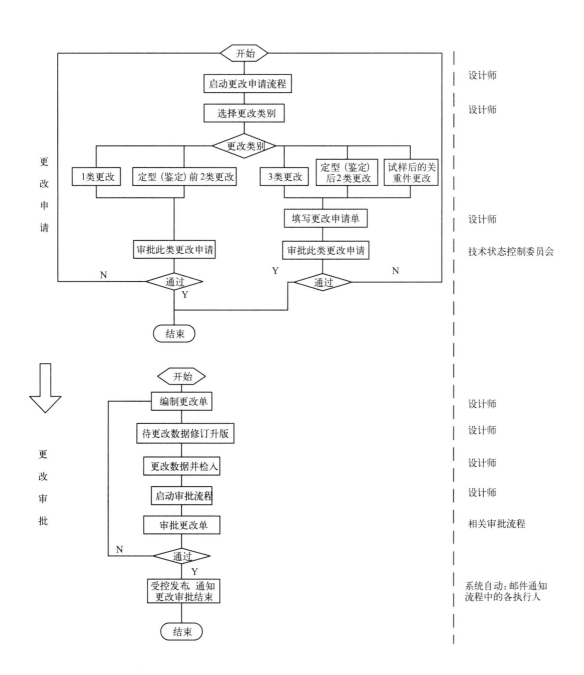

图 4 - 7　更改流程(详细)

步骤1：三类更改和定型后的二类更改属于重要更改，首先需要创建变更请求，审批通过后才能开始更改。

步骤2：重要更改申请提高一级审批。

步骤3：一类更改和定型前的二类更改属于一般更改，可直接创建变更通告；重要更改应根据变更请求创建变更通告。

步骤4：编辑变更通告，添加改前数据，并修订升版，生成改后数据，进行更改活动。

步骤5：编辑更改单文档并上传更新，进行更改单审批。

其中，虚线框中的部分是所有更改必须经历的过程，重要更改之前需要进行变更请求。

（2）更改申请

在系统中，更改申请即为"变更请求"对象。一类更改和定型前的二类更改属于一般更改，一般不用更改申请。三类更改和定型后的二类更改属于重要更改，按航天标准规定应进行更改申请，并提高一级审批。

（3）三维正式更改

在系统中，首先需要创建变更通告（更改单），添加受控的改前数据，并修订升版，才能开始正式更改。编辑变更通告时，为保证后续更改分发的数据完整性，要求改后数据要添加完整，不仅包括所有升版数据和自身新建数据，还包括所有新增"已批准"数据，如标准紧固件等。

4.3.3　偏离

按照航天对偏离的控制要求，对系统中的变更申请和变更通告的标准功能进行了适应性定制开发，实现了三维设计数据偏离过程的受控管理。

偏离数据主要是指技术通知单附带的三维说明数据（如三维模型等）。偏离管理基于产品结构树节点创建偏离申请和技术通知单，重要偏离需要提出偏离申请，提高一级审批重要偏离的技术通知单需要与相应偏离申请进行关联。偏离控制流程见图4-8，其中一般偏离时，直接创建技术通知单，不必进行申请。

在系统中，技术通知单一般以"变更通告"形式创建。创建和编辑时，"变更通告"的属性信息填写与技术通知单保持一致，附带的说明数据在相关产品文件夹下创建，不直接挂接到正式产品结构树，以减小对正式产品技术状态的影响。

4.3.4　分发

在系统中，三维设计数据的分发流程见图4-9，主要是设计师提交分发申请-型号调度审核-文件分发员数据检查-档案部门发放，整个流程在网路上运行，流程简单高效，保证了文件能够及时快速传递，缩短了流转环节，压缩了分发时间，在一定程度上保证了文件能够及时下到车间生产，取代了传统的纸质文件晒蓝分发过程。

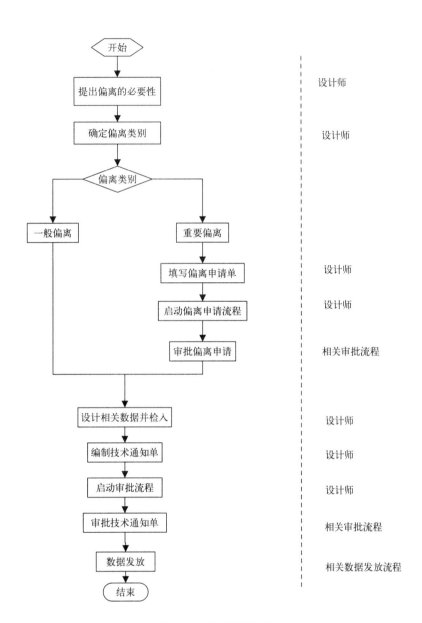

图 4 - 8　偏离控制流程

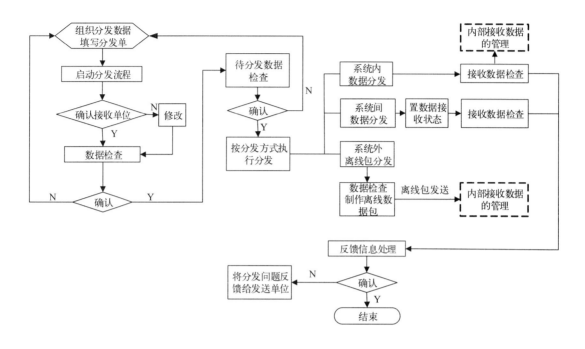

图 4 - 9　三维设计数据分发流程

4.4　数字样机 BOM 构建与应用

BOM(Bill of Materials)即物料清单,是反映产品组成关系和各部分配套数量的重要文件,是运载火箭数字样机技术状态管理的重要内容。在运载研制过程中首先由设计师形成EBOM(工程 BOM),在此基础上逐步形成 PBOM(工艺 BOM)、MBOM(制造 BOM)、SBOM(服务 BOM)等形式,实现对数字样机技术状态的传递和管理。

4.4.1　EBOM 构建与应用

运载火箭三维设计过程中,采用数据管理系统对数字样机 EBOM 数据进行系统管理,并将数据以产品结构树的形式呈现。根据运载火箭的自身特点,产品结构树由虚层部分和实层部分组成。其中,虚层部分如图 4 - 10 所示,反映型号的研制分工,包括型号层、系统层、产品分类层和产品层,根据产品结构整体规划方案确定。

在产品层之下的实层部分,由各研制单位挂接产品三维模型时在系统中自动创建,主要反映产品的装配关系。随着设计工作的不断深入,产品结构各节点挂接其他相应的产品数据,如图 4 - 11 所示,包括二维图纸、设计文件、标准规范、软件、质量文件等,同时根据产品结构的创建结果生成对应此节点的各类物料清单。

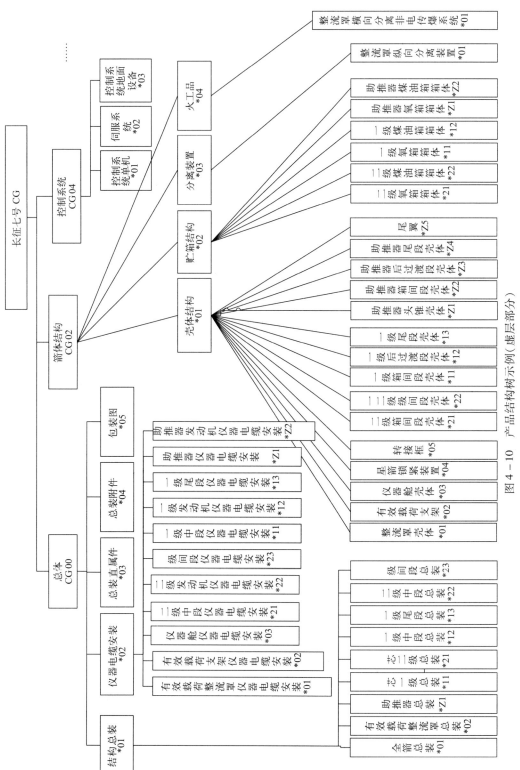

图 4-10 产品结构树示例（虚层部分）

注：*代表其父节点编号

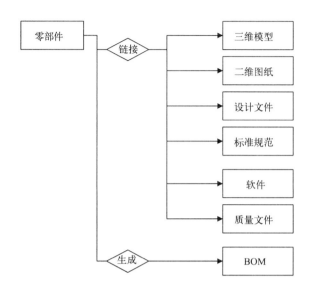

图 4 - 11　EBOM 节点上关联的各类数据

（1）产品结构树的创建

在系统中，对产品结构树的创建与修改主要通过权限配置和审批流程进行过程控制。产品结构树的创建流程如图 4 - 12 所示。产品结构树虚层部分逻辑结构，一般由型号结构总体专业确定，由产品管理员负责在系统中创建并维护。产品结构树实层部分由设计师队伍创建并维护，由设计师队伍负责将实体部分节点挂接到规划部分节点下。设计师系统在对三维模型进行检入的过程中，负责创建与模型装配结构相匹配的产品结构树节点。当三维模型装配中不包含标准件、无图件（辅助材料等）结构，或者包含的数量与实际情况不一致时，需要设计师队伍手动创建或修改产品结构树的相关节点。

（2）产品结构树的修改

产品结构树节点的修改可以实现版本的控制，并记录修改时间、修改人、修改流程（审批人、审批时间）等信息。一般情况下应严格控制规划部分产品结构的修改，如需修改需先发起更改申请，具体流程如图 4 - 13 所示。节点属性的修改和增加子节点属于一般更改，按照一般更改申请执行。节点权限的修改和删除节点属于重要更改，按照重要更改申请执行。实体部分节点的修改分为两种情况：与三维模型装配结构对应的实体部分随着三维模型的更改而更改；标准件、无图件（辅助材料等）的修改在产品结构浏览器中编辑修改。

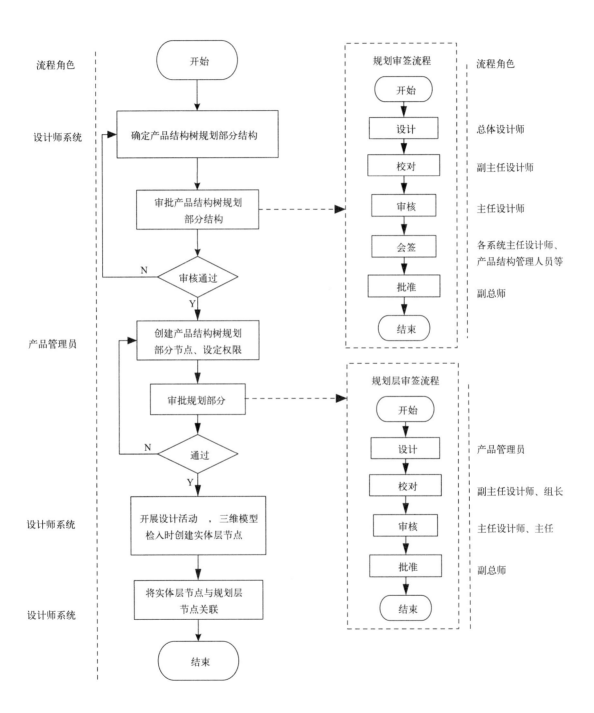

图 4 – 12　产品结构树的创建流程

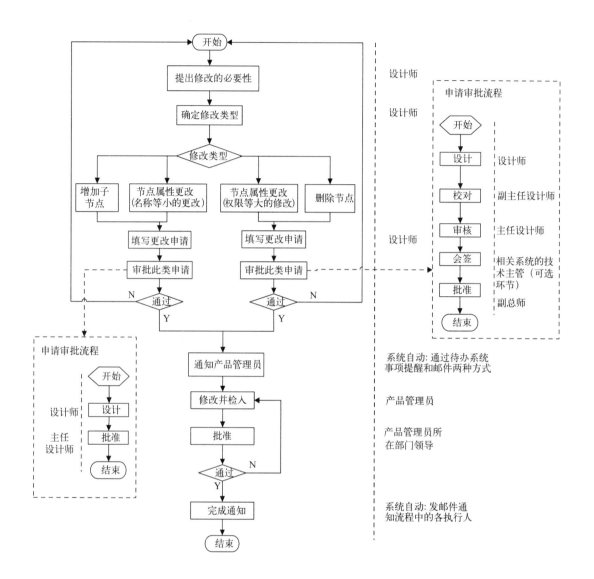

图 4-13　产品结构树规划部分修改流程

　　各级产品结构树节点均可生成与该节点相关联的各类报表，如三维模型、设计文件、研试文件、基线等，如图 4-14 所示。

图 4 - 14　根据产品结构生成的各种报表

4.4.2　PBOM 管理

4.4.2.1　PBOM 构建方法

（1）基于 EBOM 建立 PBOM 结构

三维数字化制造是以 BOM 为核心逐级传递并组织开展工作。PBOM 是基于 EBOM 进行构建。如果设计、工艺在同一个平台上开展工作，则可以直接基于 EBOM 来开展 PBOM 的建立工作；如果设计与工艺分别使用不同的软件平台，则需要通过数据集成、同步的方式，将 EBOM 传递到工艺平台，在工艺平台上首先实现 EBOM 的管理。

从设计平台到工艺平台的 EBOM 信息传递模式，可以是基于整个产品的传递，也可以是基于多个部段的分次传递，然后再自动还原为整个产品的 EBOM。

在取得产品的 EBOM 之后，就可以基于 EBOM 来搭建 PBOM 结构。在工艺平台，虽然建立的 EBOM 只是原 EBOM 的副本，但在一般情况下，并不适合通过更改 EBOM 副本来建立 PBOM，因为工艺平台上的 EBOM，还需要用于动态维护与设计平台上的 BOM 信息同步，否则，将会对 EBOM 信息的同步带来很大的困难。

在工艺平台上，基于 EBOM 建立 PBOM 结构的过程中，首先是型号产品分类信息的共享。在同步 EBOM 的过程中，所建立和形成的型号、研制阶段、批次等分类节点，也可以直接用于 PBOM 的分类管理。其次，在 PBOM 建立的过程中，应当是以链接的方式，以链接设计产品、部段、零组件节点为主，尽量不要形成对 EBOM 中已有信息的复制，便于在 EBOM 信息发生变更时，实现 PBOM 中节点信息的自动变更。

例如，在 Teamcenter 系统平台，可以基于结构管理器模块来实现 PBOM 结构的搭建，如

图 4 – 15 所示。首先，PBOM 的基础结构和信息是由 EBOM 自动生成的，同时，也可以根据工艺设计的需要，对所搭建的 PBOM 结构进行变更操作，如图 4 – 16 所示。

图 4 – 15　将 EBOM 发送到结构管理器

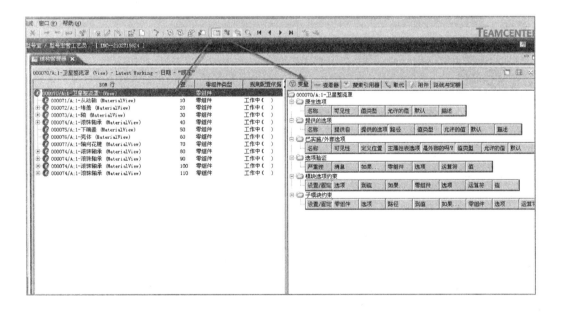

图 4 – 16　实现 PBOM 结构的搭建和编辑

（2）添加工艺信息

基于 PBOM 添加工艺信息，包括工艺分工、工艺数量、产品交接等。其中，对于产品交接信息，由于往往会涉及同一零组件产品，交接到不同的装配车间等情况，因此，需要将产品的交接信息，体现在 PBOM 行属性上。

（3）添加材料信息

在 PBOM 上所添加的材料信息，主要是应用于型号研制生产的材料准备，以及型号研制生产过程的材料成本归集。PBOM 上所需要添加的材料信息，主要是弹箭上所直接应用的主要材料和辅助材料信息。其中，主要材料是面向产品的零件加工，辅助材料是面向产品的装配过程，如焊丝、润滑密封材料等。

同一个零组件节点可能对应一种或者多种材料信息，因此，需要采用将材料节点链接到零组件节点形成子件的方式，而其中的材料定额数量信息，则需要添加到链接属性上，这样，就可以实现对于同一种材料用于加工不同的产品时，可以添加不同的材料定额数量信息。

4.4.2.2　PBOM 传递

对于采用 PDM、ERP、MES 等平台为主体的企业数字化制造应用模式，PBOM 的传递主要是从 PDM 平台到 ERP 平台的传递。PBOM 信息的传递，通常可以采用中间数据库的方式。在 PDM 系统中所生成的 PBOM、BOM 变更信息，在签署完成之后，可以发布到中间数据库，然后，ERP 系统根据取到的 PBOM 信息，更新到 ERP 系统中。

4.4.2.3　PBOM 应用

（1）基于 PBOM 的工艺信息统计分析

基于 PBOM，可实现面向产品的工艺信息快速统计分析。可以按产品维度，快速统计每个产品零组件当量情况。可以按车间维度，自动统计零组件在每个车间的分布情况。可以按零组件类型的维度，快速统计专用件、通用件、标准件情况。可以从零组件属性信息的角度，快速统计每项产品关键件、重要件情况。可以按借用的角度，快速统计制定零组件在所有产品中的借用情况。另外，通过与工艺设计系统的集成，快速统计分析工艺规程等工艺文件的编制、完成情况。

（2）基于 PBOM 的生产计划

型号生产计划的制定也可基于 PBOM。首先，通过 PBOM，给出产品的材料需求计划，进行原材料等物料的准备。其次，通过 PBOM，分解制定每项零组件产品的生产计划，给出相应的数量和完成时间等信息。

（3）基于 PBOM 的成本计算

基于 PBOM 的成本计算主要涉及原材料成本、工时成本等两个方面。通过遍历产品的 PBOM，可以取得所有的原材料信息，从而可以有效地给出原材料成本。通过与工艺设计系统的集成，可以获得产品的加工工时信息，从而可以按产品计算相应的加工工时。

4.4.3　MBOM 管理

4.4.3.1　MBOM 构建方法

MBOM 是企业生产制造部门以结构化形式来组织和管理实际制造和生产管理中生产某种产品所需要的零部件物料清单，主要反映的是零部件间的制造装配关系和相关的工艺信息，因此 MBOM 的数据是工艺设计人员在 EBOM 和 PBOM 数据的基础上结合产品工艺建立起来的。相较于 EBOM 和 PBOM，MBOM 增加了详细的工艺、材料、制造资源（工装、刀具、量具、设备等）、工时定额、材料定额信息，确定了产品、零部件的制造过程及所需的制造资源，是连接产品设计与产品制造的桥梁。

CZ-7 运载火箭的 MBOM 数据由三部分组成：第一部分来自于 EBOM；第二部分包括装配部门负责的 AO（装配顺序）号、零件工艺状态再定义等 II 段数据；第三部分由工艺处提供，也称为 I 段数据。CZ-7 运载火箭的 MBOM 结构树反映如下信息：

（1）工艺层次

工艺层次表示 CZ-7 运载火箭各零部件的装配关系，它是在运载火箭 EBOM 基础上演化映射而来。各个工艺层次用阿拉伯数字表示，其中 0 层表示装配完成的运载火箭，1、2…层则表示 CZ-7 运载火箭下的各级零组件。

（2）工艺零组件号

工艺零组件号与 EBOM 编号一致，是 MBOM 的基本管理单位，也包括成品号、虚拟件号和标准件号。

（3）工艺零组件名称

为了让生产人员一目了然，在零组件编号的基础上再设置名称，并与之一一对应。

（4）装配关系

装配关系标识各个零组件间的装配关系。

（5）零组件类别

零组件包括一般件、重要件。

（6）零组件数据对象

零组件数据对象包括审查单、设计图纸等。

（7）组件属性

组件属性标识零组件的详细信息，包括代号、名称、版本、尺寸、材料牌号、零件尺寸、单件重量、热处理状态、表面处理状态和数量。

4.4.3.2　MBOM 传递

从 EBOM 到 MBOM 的转换过程大致分为两个阶段。第一阶段主要是从 EBOM 到

PBOM 的数据转换。第二阶段主要是完成从 PBOM 到 MBOM 的数据转换。在这个阶段，零件制造车间根据 BOM 树上的零件信息和路线分工信息，进行零件 FO 的编制，组件装配车间根据 BOM 树上的组件装配顺序、装配关系以及各组件的工序划分、零件工艺号和参装件表进行 AO 的编制。在 AO 工艺经过审批流程进行审批定版的同时，形成 MBOM 数据。

运载火箭从 PBOM 到 MBOM 的转换流程如图 4 - 17 所示。

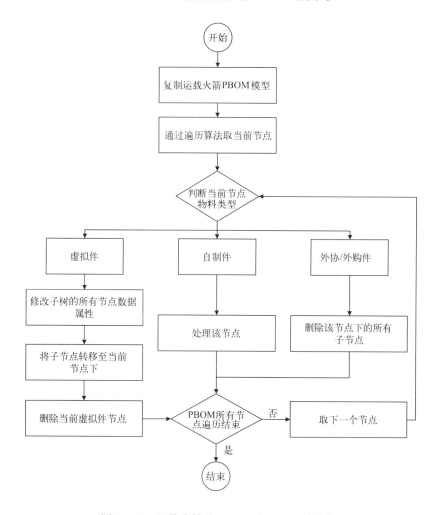

图 4 - 17　运载火箭从 PBOM 到 MBOM 的转换流程

运载火箭从 PBOM 到 MBOM 的详细转换算法描述如下：

1）MBOM 是由 PBOM 转化而来的，所以应首先复制由运载火箭 EBOM 演进而来的 PBOM 关系表作为运载火箭 MBOM 的最初原型，然后在此基础上做一系列的映射变化。

2）遍历运载火箭 PBOM 各节点，并进行分层关联性存储，作为后续转换过程的基础数据源。

3）判断节点的物料类型。如果节点是自制件，则该节点是 MBOM 的节点，需要保留原节点，并添加 MBOM 所特有的属性（如果该节点是自制零件，则添加机加工工艺属性；如果该节点是部件，则添加装配工艺属性）；据判断结果决定其下一步的转换。如果该节点是外协件，则去掉此外协件所有的信息；如果该节点是虚拟件，则删除此虚拟件，并将该节点下的所有子节点上升一级，代替原来虚拟件位置。

4）重复步骤2）和3）完成运载火箭从 PBOM 到 MBOM 的映射过程。

5）手动调整生成的运载火箭 MBOM，使其更加规范。

4.4.3.3 MBOM 应用

MBOM 在企业不同职能部门的具体应用见表4－2。

表4－2 MBOM 的应用

职能部门	MBOM 的应用
生产部门	根据 MBOM 结构和提前期等信息制定生产计划，下发生产计划到车间，安排生产进度
采供部门	根据 MBOM 的外购件清单和原材料清单，编制采购计划
制造车间	查询 MBOM 以了解车间的制造任务，以便制定车间计划
检验部门	可以根据 MBOM 进行质量管理，追溯质量问题所在工艺的 BOM，对其工艺信息进行统计分析
财务部门	根据 MBOM 中的材料定额、工时定额等信息来计算制造成本，得出成本 BOM，为市场部门提供产品定价参考
档案部门	根据各零部件的工艺路线向相关的车间发放设计图纸

4.4.4 SBOM 管理

SBOM 的构建需要根据 EBOM 来开展，目前运载火箭 SBOM 主要应用于交互式电子技术手册、培训训练等领域，其构建过程主要有以下特点：

1）SBOM 分层主要包括：系统、分系统（分分系统）以及单元或组件。这种分层是按照运载火箭的功能来划分的，主要是按照相关的参研单位分工，该部分主要对应于 EBOM 中虚层部分的系统层、产品分类层和产品层。

2）SBOM 中需要体现不同构型的产品，根据不同的任务类型或使用工况，SBOM 中可能会出现并列的重复节点，比如导航系统的不同单机电子设备。

3）作为技术手册和使用指导，SBOM 一般定位到现场可更换最小单元，更细的产品结构划分一般情况下不再展开。

运载火箭 SBOM 结构示意图如图4－18所示。

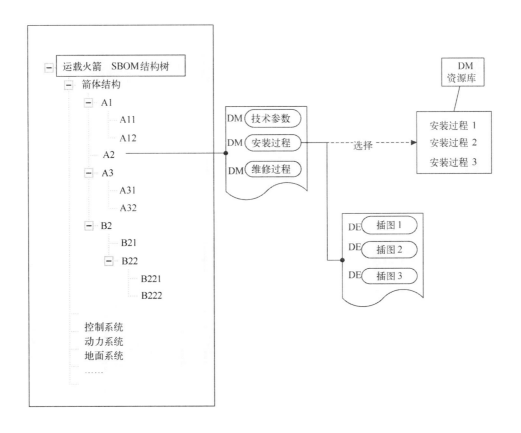

图 4 – 18　运载火箭 SBOM 结构示意图

4.5　数字样机管理平台

　　数字样机的三维模型采用树状结构反映产品装配关系，PDM 系统对于树状结构数据的管理具有较大的优势，并且能够有效地管理三维模型对应的各类技术资料，是数字样机数据管理的有效工具。

　　21 世纪初，三维设计技术在航空航天型号研制中的规模化应用，给以二进制为载体的三维数字化模型数据管理提出了前所未有的挑战，我国航空航天工业也从此进入 PDM 技术规模化应用的时代，典型的以法国达索公司的 VPM 和 PTC 公司的 Windchill 进行研制数据管理，成为我国航空航天工业 PDM 技术应用的主流，分别建立了用于 ARJ21 和大飞机异地并行协同研制的环境系统，在军民用飞机的研制过程中起到非常重要的作用。

　　运载火箭数字样机设计涉及多家研制单位，已经逐步形成了基于数字样机的众多参研单位协同工作的数字化研制模式，形成了基于 PDM 系统的数字化协同研制环境，为运载火箭数字样机的研发提供了管理和质量控制工具。

4.5.1 建设背景

面向运载火箭数字化设计的 PDM 系统建设及应用，主要结合了航天领域数字样机技术发展特点，充分继承已有的研制模式，采取以业务部门为牵引组织实施的模式，分别负责相关业务的内容，采用分步推进有效并行的原则开展 PDM 建设工作，通过业务规划、业务分析、方案确认、软件开发、系统实施、系统测试、试运行、正式上线等多个步骤进行，很大程序上减少了需求反复，最终建立以数字样机为核心的航天运载火箭数字化协同研制系统，实现从需求分析、设计、工艺、制造、档案管理到计划、质量的研制全过程、多要素一体化协同，以及后续发射服务全流程数据的闭环管理，同时发挥协同研制系统的牵引和带动作用，逐步形成以该系统为中心的型号数字化研制支撑体系。

4.5.2 体系结构

面向运载火箭数字样机数据管理的 PDM 系统总体框架如图 4 – 19 所示，此框架具有如下特点：

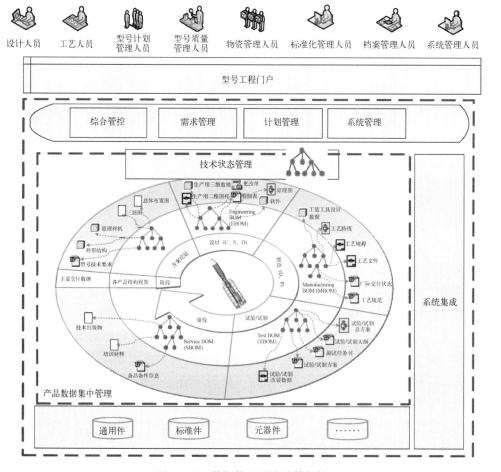

图 4 – 19　数据管理系统总体架构

1）为型号的总体设计、分系统设计到制造工艺设计、总装和试验研制提供数字化集成协同研发平台；

2）通过系统管理型号研制全生命周期的设计数据、工艺数据、试验数据、生产数据和售后服务数据；

3）集成综合项目管理、需求管理、供应商管理、售后服务管理等功能，形成型号数字化研制支撑体系。

4.5.3　数据管理系统实施方法

PDM 系统是航天型号数字化研制的基础，其建设、推广等实施过程直接决定着 PDM 应用的优劣。多数情况下，航天企业首先解决的是 PDM 的有无问题，在此基础上深化应用，不断优化提升。建设具有航天特色的 PDM 系统自始至终应注重科学的实施方法，实施方法一般分为以下几个步骤。

（1）实施前的准备

PDM 实施应做充分的准备，投入必要的人力、物力和财力。不要低估正确实施 PDM 技术所需要付出的时间和劳动，试图过快地实施 PDM 的企业很可能要冒很大风险。

（2）组建项目组，建立协调机制

成立项目组是实施的前期工作。项目组成员包括企业主管领导、信息化主管领导、部门主管领导、部门业务骨干、最终用户代表及供应商合作伙伴的领导和实施顾问等。特别是企业高层领导亲自挂帅可有效推动 PDM 系统顺利实施。建立跨单位、跨部门的沟通和协调机制，建立应急响应预案，定期会商，加强过程管理。

（3）合理规划，分阶段实施

PDM 实施分阶段进行，包括需求分析、PDM 选型、PDM 部署和试运行、PDM 全面实施等阶段。梳理企业的数据、业务流程和应用系统等，分析和总结自身需求，明确 PDM 实施的目标和准则，合理安排实施阶段，科学规划 PDM 实施的内容，制定有效的质量控制措施。选择长期合作的供应商至关重要，其应具有较强的技术支持和服务能力。

（4）充分验证，用户认可

PDM 系统实施是技术与管理的结合。在上线运行前，应对系统进行充分验证。开发方应按软件工程化要求进行周密的软件测试，企业信息化人员对开发方工作进行认真审查，最后由用户进行确认。

（5）注重培训，提供保障

对企业中相关的管理者进行培训，让他们真正理解 PDM 适合做什么，不适合做什么，对 PDM 使用者进行细致、深入的培训，让他们了解 PDM 的工作方式及各种注意事项。只有所有用户都能正确、熟练地使用 PDM 系统，才能保证该项目实施的效果。同时建立专业技术队伍，保障系统稳定运行，快速、有效解决用户使用中的各类技术问题。

（6）建设标准规范体系

PDM 系统的筹划建设及运行过程，标准规范是必不可少的基础，对于型号产品的管理、编码、三维模型等数据的属性定义、审签等工作流程必须要有一个清晰和统一的要求，因此，在 PDM 系统建设的全过程，必须同步开展相关技术和管理标准体系的建设，在实践中不断修正、完善标准体系，最终，PDM 系统对运载火箭数据实现管理的同时，也形成配套的标准规范体系。

(7)科学评估，适时优化

对 PDM 系统的实施进行科学的评估，结合需求，制定定性定量的评测准则。在 PDM 选型中，要评估 PDM 系统是否满足企业需求、是否适于企业的长远发展等。在 PDM 上线后，对实施效果、运行效率等进行评估，对发现的问题进行分类汇总，注意收集用户新需求，重点解决主要矛盾和关键问题，提出优化改进方案，适时部署应用，不断提升 PDM 系统应用水平。

4.5.4　基础数据管理

数字样机三维设计会用到大量的标准件，在 PDM 系统中，应建立标准紧固件三维模型、通用件三维模型、设计模板、文档资料等基础数据的存储库，设计师在开展设计时需要从库中统一进行选择。这样可以避免各单位各部门大量的重复建模工作，解决三维标准件模型设计准则不统一、三维标准件模型更新不及时等诸多问题，还可以提高三维设计的规范性、正确性，提高三维设计效率，缩短火箭产品研制周期。

目前，运载火箭三维设计的基础数据存储库中，主要有标准件、紧固件、通用件，以及一些设计模板和相关使用说明文档等，如图 4－20 所示。其中，以三维标准件紧固件存储库为例，统一进行文件夹、检入检出、状态置换、权限配置、结构树创建等相关的数据

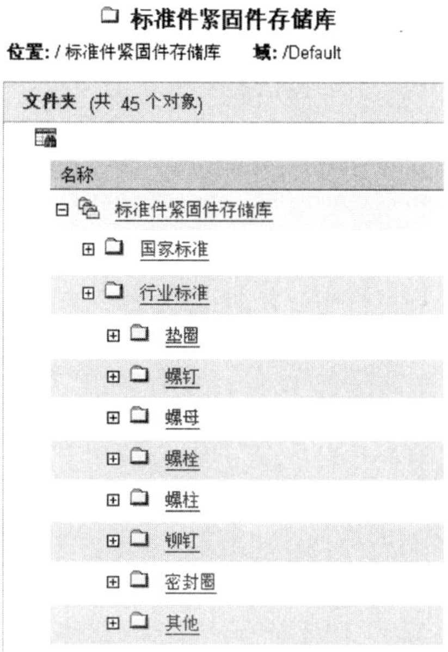

图 4－20　标准件紧固件存储库

管理工作，这些全部由管理员负责，同时管理员通过权限配置对全部设计师开放存储库数据的读取权限。

通过运载火箭 PDM 系统的建设及实践应用，解决了以三维设计数据为核心的产品数据状态管理问题，实现了从三维协同设计、设计审签、数据更改、数据偏离到数据发放等主要过程中数字样机的数据管理，为运载火箭开展三维条件下的数字样机研制提供了基础平台。随着三维数字化设计的不断深入应用，PDM 系统还将在研制项目管理、需求管理、基于多视图或批发次的产品技术状态管理等方面开展深入应用，并与企业其他应用系统相集成，形成以 PDM 系统为核心的三维协同研制平台。

4.5.5 权限管理

权限配置是产品(或系统)管理员的主要工作之一，关系到型号研制和数据安全。管理员通过系统配置工具创建和编辑产品的权限配置。

4.5.6 权限配置内容

权限配置中涉及团队、角色、权限、域等几部分内容。其中，产品团队由型号研制队伍组成，内容分为角色和成员。角色指用户的职责，每个用户的职责不同，一个用户可拥有一种职责，也可拥有多种职责。角色在产品团队中定义有"结构总体设计"、"壳段结构设计"、"标准化审查"等。成员包括用户和用户组，可添加到相应角色中。

权限指用户对系统及数据的操作或访问权。要增强系统和数据的安全性，需要通过静态权限和动态权限相结合的方式进行管理。通常，静态权限配置是由产品管理员负责的，动态权限配置由系统级管理员负责。

1)静态权限：就是根据不同用户角色在对何物(文档类型)、何时(生命周期状态)、何处(上下文)赋予何种权限(读取、下载、修改、修改内容、创建、通过移动创建、修订等)，这种权限分配方式也是一般 PLM 系统常用的权限控制方式。

2)动态权限：通过工作流，灵活控制权限的分配，只在必要的时刻，给相应的人员授予合适的权限。这样既满足了工作需要，又可以严格地控制权限的分配，也可以控制在某个生命周期状态下，为某个角色的用户授予权限。这样，一旦对象的生命周期发生变化或用户的角色发生改变，权限也会随之改变。动态权限示意图如图 4 – 21 所示。

域是配置 PDM 系统时定义的管理区域。域用于提供对多个对象的常规分组访问。例如：产品管理员可以为特定域创建一个访问控制策略规则，此规则使所有用户均可以查看与该域相关联的所有文档，但只允许选定的用户组修改与该域相关联的所有文档的内容。

访问控制策略规则是为特定域设置的，并且是对象类型和生命周期状态、参与者(用户、组或组织)及其相关联的权限之间的映射。对于某个对象类型和特定状态，访问控制策略规则指定参与者关于此状态、此类型对象具有的访问权限的权利。例如，访问控制策略规则可能规定：当对象处于"正在审阅"(Under Review) 状态时，Publications 组中的每个成员都具有读取 Engineering 域中类型为 WTDocument 的所有对象的权限。常用的访问权

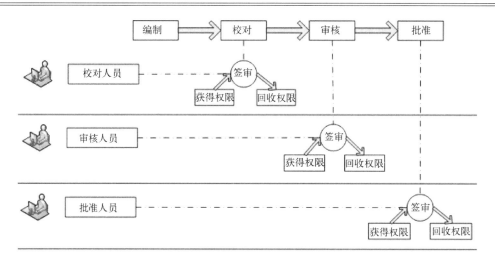

图 4 – 21   动态权限示意图

限包括读取、下载、修改、创建等，见表 4 – 3。

表 4 – 3   常用访问权限

序号	权限	说明
1	读取	知道对象是否存在并查看该对象及其属性的权利，如果对象包含内容，可以查看该对象的内容信息
2	下载	下载本地文件的权利，这些文件是主要内容或对象的附件
3	修改	添加、替换、删除内容以及修改内容信息的权利
4	创建	创建对象的权利

4.5.7　权限配置策略

以下是一种典型的系统组成，系统结构呈现自顶向下分级展开的形状，如图 4 – 22 所示。系统级管理员负责动态权限的统一配置，产品管理员负责型号产品及其文件夹的静态权限配置。

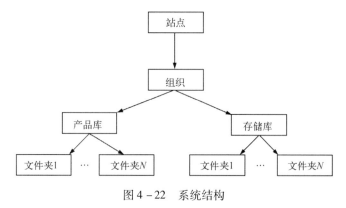

图 4 – 22   系统结构

检入或上传数据时设置的位置就是在产品文件夹中。型号产品的文件夹是按"设计室/专业"划分的，如图 4 – 23 所示。专业设计师在所属文件夹下具有创建、修改等权限，协作人员在此文件夹下仅具有读取等权限。"协同区"文件夹用于存放各外协单位的数据和对外发布的数据，用于协同研制时的数据交换。

图 4 – 23　产品文件夹示意图

第 5 章　数字样机仿真

经过多年来持续引进国内外先进仿真技术，并对已有知识进行整理与提升，逐步建立起一套全面融入型号研制流程的运载火箭数字样机仿真工作模式。数字样机仿真是运用一种或多种商业软件，结合自研仿真系统来解决特定的工程技术问题，通过结构数字样机、电气数字样机及飞行性能数字样机的建立及仿真试验验证，为设计优化或解决特定工程问题提供支持，从而达到降低设计成本和缩减周期的目的。本章重点介绍火箭研制中遇到的问题，以及为解决该问题所运用的数字样机仿真手段，主要分为结构数字样机仿真、电气数字样机仿真及飞行综合性能数字样机仿真三个部分，并基于多年的实践经验给出了运载火箭数字样机研制过程中的应用案例与应用成效。

5.1　结构数字样机仿真

结构数字样机与电气数字样机、飞行综合性能数字样机共同构成了运载火箭数字样机研制的关键要素。从工程研制的实际需求出发，结合火箭结构方案制定与设计过程中重点关注的环节，对结构数字样机开展仿真分析，主要是通过建立 1∶1 的几何数字样机，对产品机械结构的装配、操作和接口进行匹配验证，同时可将几何数字样机转化为 CAE 性能数字样机进行结构性能分析。

5.1.1　结构几何样机仿真

5.1.1.1　数字模装

（1）数字模装目标

数字模装是运载火箭研制中的专业术语，直接继承于以前产品研制时惯用的实物模装的说法。实际上，它与航空、汽车、潜艇等领域中采用的数字化预装配技术，在技术手段上完全一致，仅仅是术语表达上的不同。数字化预装配的思路是在产品几何数字样机的基础上，模拟全箭及各分系统产品的装配过程，达到在实物生产前提前开展机械接口匹配性检查的目的。数字模装主要用于在研制过程中及时进行装配干涉检查、装配及拆卸工艺路径规划，它的使用将降低由于设计错误和返工等带来的成本增加。

运载火箭在设计阶段多采用自顶向下的模式，传递总体到分系统的设计要求；在总装阶段往往以自下而上的方式，按照单机、分系统、总体的顺序依次齐套进行产品总装。结合这种研制特点，基于数字化预装配的思想，开展数字模装工作，可以有效利用几何数字样机，在计算机虚拟环境中基于几何样机开展模装试验，替代实物模装实现总体布局、系统间和部段间机械接口协调、箭体内仪器设备接口协调、管路系统布局、电缆敷设，验证结构总体方案的正确性和合理性，考察各系统的结构协调性，及早暴露和解决各种不协调问题，减少正式投产后由于结构不协调带来的设计、生产反复。

因此，对于运载火箭而言，数字模装一般实现以下目标：

1) 建立全箭几何样机，替代实物模装实现总体布局、系统间/模块间/箭地间机械接口协调、管路系统布局、电缆分支设计，为确定各系统设计要求提供依据；

2) 基于全箭几何样机对各种设计方案进行静态和动态干涉分析，在正式生产前充分暴露和解决不协调问题，减少正式投产后由于结构不协调问题带来的大量生产反复；

3) 基于几何样机开展关键舱段装配工艺仿真及人机工程分析，从工艺性和可操作性的角度对设计方案的合理性和正确性进行验证；

4) 基于几何样机实现全箭质量、质心、转动惯量等质量特性的精确计算，为总体参数和性能仿真分析提供精确数据准备；

5) 基于几何样机优化全箭结构形式，验证全箭总体布局方案，以及结构方案的合理性、协调性。

(2) 数字模装工作流程

数字模装工作具有时效性，应在实物产品生产之前完成。参照实际研制特点，工作程序通常可以分为制定模装要求、数字样机齐套、实施数字模装和模装结果评审四个阶段。基本流程与实物模装大致相同，主要区别在于不消耗现实资源和能量实现试验活动的模拟，其产出是可视的虚拟产品及其操作过程。数字模装工作程序见图 5-1。

其中：

1) 制定模装要求阶段——主要完成数字模装大纲、数字模装试验实施方案等要求类文件的编制，规定参加数字模装试验的三维模型产品配套表、技术状态基线、模装节点、各部门职责等，是开展数字模装试验的基础。

2) 数字样机齐套阶段——依据数字模装大纲等要求，完成参试各系统三维模型产品验收及齐套，包括单机验收、分系统验收、总体验收及验收评审，是开展数字模装试验的前提。

3) 实施数字模装阶段——依据大纲要求，基于验收齐套的三维模型，完成各分系统总装及全箭总装，开展接口检查与协调、静态干涉检查与协调、动态干涉检查与协调、质量特性计算、操作可行性仿真验证、模装结果分析等工作项目，本阶段是数字模装试验的主体，其中干涉检查项目一般包括：

- 管系间接口直径、对接面匹配检查；
- 传感器接口插深、管径、台阶面匹配检查；
- 发动机接口孔径、开孔数量匹配检查；
- 管路绑扎处与结构支架匹配检查；

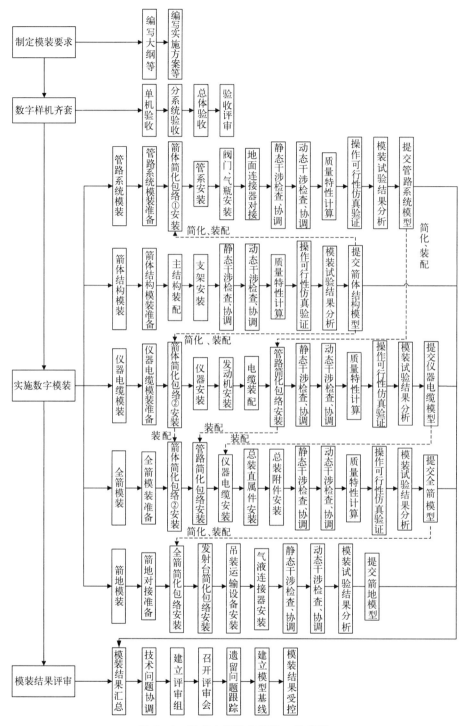

图 5 - 1　运载火箭数字模装工作程序

注：静态干涉检查、协调：若发现干涉，进行结构协调，再进行检查，该步骤迭代进行，直至不干涉，方可进入下一步骤。

　　动态干涉检查、协调：同静态干涉检查、协调。

　　箭体简化包络①：用于管路模装，对箭体结构详细设计模型进行简化，保留与管路接口部分。

　　箭体简化包络②：用于仪器电缆模装，对箭体结构详细设计模型进行简化，保留与仪器电缆接口部分。

- 法兰对接面匹配检查；
- 仪器支架接口匹配检查；
- 安装螺栓长度匹配检查；
- 部段对接孔径匹配检查；
- 电缆管路干涉检查；
- 导管全位置焊接过程干涉检查；
- 箭上连接器安装过程干涉检查；
- 阀门、管路拆装过程干涉检查；
- 发动机摆动过程干涉检查；
- 发动机、伺服机构联合摆动过程干涉检查；
- 设计指标一致性检查。

质量特性计算项目一般包括：

- 弹(箭)部段质量特性计算；
- 各子级质量特性计算(含管路、仪器电缆)；
- 弹(箭)质量特性计算；
- 必要时，计算箭上、地面电缆及重要舱段如仪器舱的质量特性等。

操作可行性仿真验证项目一般包括：

- 阀门拆装可行性仿真验证；
- 部段对接可行性仿真验证；
- 发动机对接可行性仿真验证；
- 管路拆装可行性仿真验证；
- 气检操作可行性仿真验证；
- 关键仪器设备测试操作可行性仿真验证；
- 关键仪器设备拆装可行性仿真验证；
- 伺服机构拆装可行性仿真验证；
- 气液连接器安装操作可行性仿真验证。

4) 模装结果评审阶段——针对数字模装试验过程发现的问题完成技术协调，建立评审组以评审会的形式完成模装结果评审，并对遗留问题进行跟踪，是数字模装试验的落实阶段。

(3) 静态干涉检查方法

静态干涉检查指在特定的装配结构形式下，检查装配体的各个零部件之间的相对位置关系，判断是否存在静态干涉，即是否存在几何外形的相互嵌入现象；检查装配体的各个零部件之间在静态时的间距是否满足给定要求。

装配体数字样机提交前必须进行静态干涉检查，并根据检查结果，综合考虑零件的几何外形、重量、材料强度等因素进行几何结构优化，消除静态干涉。

① 分系统结构设计阶段静态干涉检查方法

结构设计阶段进行静态干涉检查，由设计人员根据试验大纲确定需要检查的装配体，用于检查的三维模型应为实体模型。结构设计过程中应随时进行局部静态干涉检查，结构设计完成后还应进行全局静态干涉检查。

进行静态干涉检查的基本流程如下：

1）选择检查类型。目前常用检查类型包括：成对间隙检查——检查装配体中两个对象或图元（包括子装配体、零件、曲面、电缆、单个图元等）之间的间隙距离；全局间隙检查——检查整个装配体中每个零件或子装配体之间的间隙距离；体积干涉检查——检查装配体中封闭的曲面特征与实体特征或零部件的干涉情况；全局干涉检查——检查整个装配体中每个零件或子装配体之间的干涉情况。

2）选择需要检查的装配体或装配体中的零部件。

3）执行静态干涉检查。

4）查看检查结果。静态干涉检查完毕后，存在干涉的位置可以直接在模型中显示，也可以显示干涉区域的体积，还可以生成检查结果报告。

5）优化几何结构，重新执行静态干涉检查，直至消除静态干涉。

结构设计中，允许存在一些工艺上的细节干涉问题，例如：中框的桁条开口、螺纹连接等，设计人员应在检查结果中对允许存在的干涉问题加以说明。对于管路、阀门、仪器、电缆等布局、安装设计，由于设计过程中参照的箭体结构模型为简化的收缩包络模型（曲面模型），对此类模型进行静态干涉检查时，可选取面组进行计算，或在检查前将实际的箭体结构模型载入，检查完毕后再删除。

②全箭总装设计阶段静态干涉检查方法

总装设计阶段由设计人员根据检查精度要求进行静态干涉检查，由设计人员根据试验大纲确定需要检查的装配体。

由于总装设计阶段需要进行部段级及全箭范围内的静态干涉检查，检查内容一般包括：

1）各部段间对接匹配情况；

2）系统间对接匹配情况；

3）各系统、各部段、各直属件和附件间空间静态位置干涉情况；

4）总装直属件和总装附件安装机械接口匹配情况。

总装设计模型通常数据量巨大，同时总装模型可能包含大量简化的收缩包络模型，选取面组方式进行全局干涉计算时往往耗时严重，并且需要顶级硬件的支持，但该方法可以满足较高检查精度要求，且能够得到实体干涉体积。因此，在硬件条件和计算时间允许的情况下，可以进行部段级及全箭总装静态干涉检查。

为兼顾部段及总装干涉计算耗时与精度两方面要求，可在计算前基于"简化表示"完成对检查对象的预先筛选。总装模型在检查某些相邻部段或组件间干涉及不协调问题时，因不涉及其他部段或其他零组件，故可在简化表示中排除未发生关系的或不关心的部段，只包含需要计算的两个或几个相邻部段或组件。简化表示功能在内存中不读入已排除对象，能够保证在总装大规模模型干涉计算过程中仅保留主表示模型，有效提高了干涉计算效率，同时具备很高的精度和准确度。

此外，为保证当分系统模型更改时，总装模型能够即时更新并进行新一轮干涉检查，可通过定义检查机制，由系统自动在 PDM 系统中更新各个部件的新版本，定期自动进行静态干涉检查，并提供检查结果报告。

（4）动态干涉检查方法

动态干涉检查主要检查运动机构（伺服机构、分离机构等）在其整个运动轨迹上是否与其他零部件有干涉现象；检查运动机构在整个运动轨迹上与其他零部件之间的距离是否满足给定要求。

装配中的运动部件必须进行动态干涉检查，并根据检查结果，综合考虑机构运动载荷、几何尺寸等因素进行机构运动路径的优化，消除运动路径中的干涉。

系统之间的动态干涉检查需要在总装设计阶段进行，通常采用运动包络检查（方法 1）及运动仿真检查（方法 2）两种方法。

运动包络检查（方法 1）：要求运动部件数字样机提交总装时应带有运动包络，将运动部件与其他系统之间的动态干涉检查，转化为运动包络与其他系统之间的静态干涉检查。该方法通常要求最大包络模型，能够得到极限运动过程中静止与动态部件间的最小距离，但对运动部件多状态、多类别、多工况的运动过程不掌握，无法得到最小间距出现的时间点，在进行复杂运动轨迹仿真时，无法对运动部件及与其相关的静止部件的实时状态进行监控。同时，方法 1 的准确性依赖于运动包络生成时的精度定义，高精度将同时带来所耗时间的大幅度增加，且无法得到未发生干涉但间距小于安全距离的位置信息。

运动仿真检查（方法 2）：根据运动部件实际运动轨迹进行定义与模拟，选取总体设计关心的关键及危险位置或对象进行仿真计算，得到相关时间历程曲线，结合仿真动画进行分析。该方法相比方法 1 计算速度更快，计算精度更高，且能够直接得到间距或角度变化情况。因此多采取方法 2 进行动态干涉检查，筛选关键间距，得到其变化曲线，验证机构运动合理性，如图 5 - 2 和图 5 - 3 所示。

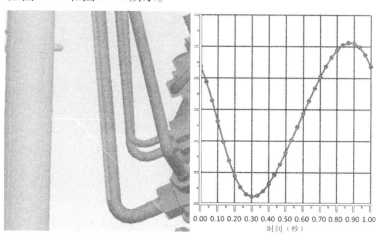

图 5 - 2　定义测量特征及其时间历程曲线

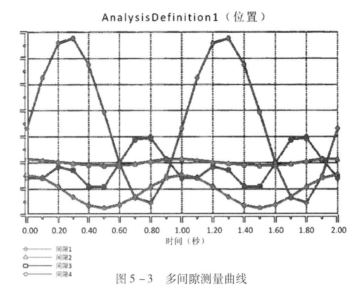

图 5 - 3   多间隙测量曲线

利用机构运动仿真分析模块，能够基于驱动式动力及运动方式定义对装配机构进行全3D动态仿真，以评估机构的运动轨迹、运动过程干涉，跟踪零件轨迹，测量关键间距，分析机构零件速度、角加速度、点速度、点加速度，考核机械自由度、冗余度、动能、作用力、反作用力及力矩等参数。

基于预先定义运动副并装配完成的组件模型进行机构运动仿真，仿真后观察机构的整体运动轨迹和各个零件之间的相对运动，检测机械动态干涉，进行各种测量，并记录分析结果。机构运动仿真分析流程如图5-4所示。

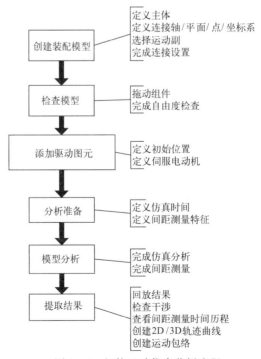

图 5 - 4   机构运动仿真分析流程

具体包括：

1）根据设计者的设计意图定义机构中的连接，包括：销钉、圆柱、滑动杆、平面、球、轴承、刚性、焊接等。通过连接将零件与零件、零件与部件以一定的运动副装配在一起，限制两者的自由度，在两者之间建立一个确定的运动关系。

2）拖动组件，检查装配模型自由度，确认机构运动是否正确。

3）使用伺服电机对机构施加特殊运动，作为机构运动的原动力。伺服电机分为：连接轴电机（用于控制零件沿某一方向运动）和几何电机（用于创建复杂的三维运动，如螺旋或其他空间曲线）。

4）建立机构运动分析，定义机构在一定时间内的运动方式，并定义间距测量特征。

5）运行运动分析，完成间距测量，保存分析结果。

6）查看回放结果，根据需要创建机构中的 2D/3D 轨迹曲线，创建运动包络，制作动画仿真，检查机构运动过程中是否存在干涉现象，得到并分析间距测量时间历程曲线。

（5）质量特性计算方法

质量特性计算指获取零部件的物理属性，包括：体积、曲面面积、密度、质量质心、惯性、惯性张量、质心的惯量、主惯性力矩、旋转矩阵、旋转角、回旋半径等，为总体参数和性能仿真分析提供数据。

箭上开展质量特性计算的范围包括：电气系统单机、发动机、总装直属件、弹箭体结构部段、子级增压输送系统管路总装、舱段级仪器电缆总装、子级总装、全弹箭总装。质量特性计算流程一般按单机—分系统—总体的顺序依次进行，各单机或分系统单位按产品配套关系，提供所负责单机或分系统三维模型精确质量特性，总体负责子级总装和全弹箭总装质量特性计算，如图 5-5 所示。

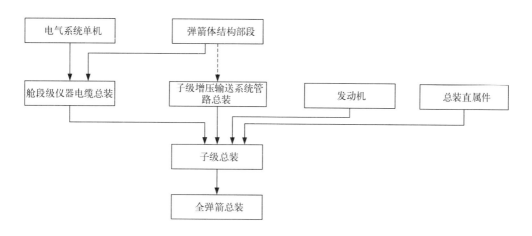

图 5-5 质量特性计算流程

为保障总体计算的全箭质量特性真实、可信，参加数字模装的单机/分系统数字样机必须具备质量特性，且与产品真实质量特性一致。对于在三维建模中进行简化建模的内容，如紧固件（含铆钉）简化装配、油漆等，原则上，根据工程经验，在三维模型中预先定义一定的留量，如1%，或在实物产品称重后，按称重重量对三维模型质量特性进行更改。

5.1.1.2 装配仿真

（1）装配仿真目标

运载火箭研制生产是一项复杂的系统工程。其中，装配是产品制造过程中的关键环节。航天产品的装配过程就是将大量的零件按工艺路线、技术条件进行组合、连接的过程。在航天产品设计过程中开展装配仿真工作，其目的主要是对设计的可装配性进行验证，以及为产品生产过程提供装配工艺规划与预示。

①可装配性设计

有统计资料表明，现代工业制造中，机电产品的装配工作量占整个产品制造量的30%～70%，装配时间占整个产品制造时间的20%～50%，超过40%以上的生产费用用于产品装配。此外，如果在装配阶段发现问题，费用还将增加50%。所以，有效地开展可装配性设计，是减少装配时间、节约装配成本的有效手段。

在产品的设计过程中，越早考虑可装配性，设计更改的灵活性越大，成本也越低。由于航天新型号产品具有装配关系复杂，零件种类繁多，材料性能各异的特点，现有的可装配性设计在理论研究、技术工具、工程应用及设计人员观念等方面仍存在诸多问题。可装配性设计中的许多定性与定量要求的分析与验证需要依靠经验与已有数据，或者依托物理样机和实际装备，导致了可装配性设计工作相对滞后。特别是在方案阶段，缺少有效的分析与验证方法导致可装配性设计无法及时对其他设计产生影响，造成设计方案的反复更改。

②装配工艺规划与预示

传统装配过程缺乏直观的展示手段，往往过于依靠装配工艺人员的水平和经验，使生产中不确定因素增多。同时，由于各项尖端技术不断应用于新型号产品的设计研制中，造成装配关系、物料流动、生产活动、人员协作之间关系日趋复杂。传统装配由于缺乏定量的分析，越来越难以从生产全局把握装配过程，同时，由于装配工艺描述手段单一，造成现场装配工人阅读装配工艺困难，无法对产品的装配有一个直观的、立体的认识，从而造成生产工艺可用性不高。因此，在火箭产品研制中，建立装配仿真与验证的新手段，利用基于仿真技术的数字化装配过程的设计、分析、优化和验证是其中较为有效的手段之一。

（2）装配仿真工作流程

装配仿真试验的基本实施流程如图5-6所示，具体可以划分为装配仿真准备、装配仿真实施和装配仿真总结三个阶段。

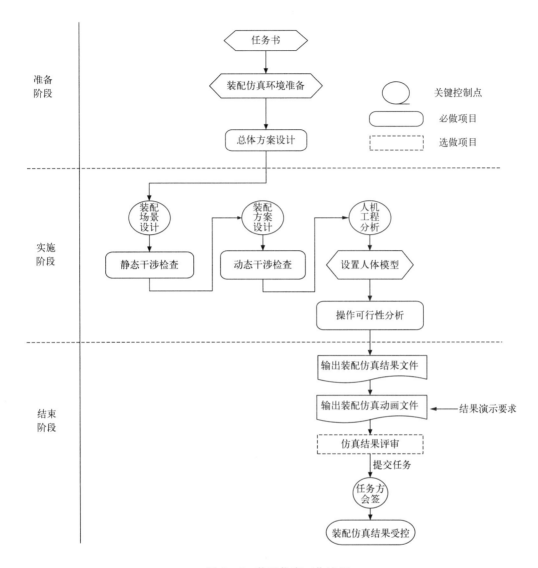

图 5 - 6　装配仿真工作流程

①装配仿真准备阶段

在装配仿真工作流程中，仿真准备主要包含以下几项主要工作：装配仿真输入协调、仿真环境设置、仿真数据准备和仿真试验方案设计。

1）仿真输入协调是实施仿真之前的重要工作。主要包含仿真任务的来源、仿真所针对的问题和仿真的目标，并明确仿真的模型和文件输入，保证仿真的状态正确。在仿真开始之前，需要对所仿真的流程中各个项目和环节进行充分的了解。主要可采取以下两种途径：

●与仿真相关的输入文件和设计文件是仿真的核心依据，通过对文件的理解与分析，了解模型布置、箭地接口、操作流程等信息并反映在仿真中。

● 在仿真开始之前需要对相关情况进行充分的调研和协调工作，明确仿真中所需考虑的仿真条件及具体要求，保证仿真的正确性。

2）仿真环境设置及数据准备包含设计模型向仿真模型的转换、根据仿真输入进行补充建模、设计文件在仿真中的落实等工作。此项工作的目的是确保仿真中模型状态及仿真流程的正确性。根据仿真需要形成模型配套表。模型配套表一般包含仿真所需提供的三维数字样机模型清单。

仿真模型准备包含仿真模型转换和仿真补充建模。模型转换方法包括：将模型从其设计格式转换为仿真所需要的软件格式。设计模型可通过 *.stp 中间格式转换得到仿真模型。由其他三维建模软件建立的模型通过 *.stp、*.igs 等多种中间格式得到仿真模型。通过上述方式得到的仿真模型，其几何与颜色等特征信息能够进行完整转换，得到的模型可满足仿真要求。

对于仿真中用到的部分工具、辅助设备及仿真人体模型需要进行补充建模。为避免重复工作，对常用的工装均采用尺寸参数化建模方式，将已有的工具、辅助设备及人体模型分别建立工装库和人体库，以方便仿真中的重用。

对于部分通过转换得到的模型，需要进行模型拆分、运动机构重新建模等工作，使得模型满足仿真要求。

3）仿真总体方案设计工作则主要是明确采用何种仿真方式，并给出仿真场景的搭建方案、静动态干涉检查的方案及开展人机分析的方案，与任务方协调获得初步装配方案，通过此项工作确立仿真实施的总体方案。

②装配仿真实施阶段

仿真的实施包括装配场景设计、装配方案设计和人机工程分析等几项重要工作，这几项工作串行开展，每项工作均需要经过反复协调和重复迭代的过程。

在装配仿真过程中同步完成分析过程，分析内容包含仿真场景的搭建和合理性分析、拆装过程三维动态仿真、产品与工装设备间的间隙和干涉分析、静态和动态人机分析、安装工艺过程仿真与验证等信息。

③装配仿真总结阶段

装配仿真输出包括仿真动画文件和仿真结果文件两部分。动画文件以视频的方式提供。包含：干涉检查动画的输出、装配过程动画的输出、人机操作模拟动画的输出及流程过程动画的输出。根据仿真要求，适当将需要关注的内容进行强调，强调方式包含多角度、剖面、输出干涉检查结果和装配过程结果及人机分析结果等。仿真总结报告作为仿真和分析结论的输出文档，文档中包含的内容主要有仿真目的和来源、仿真依据、具体仿真项目和要求、装配仿真方案设计、仿真准备情况、静态干涉检查、产品包络分析、工装位置分析、装配路径分析、产品间隙检查、人机工程分析、存在风险及措施和仿真结论等内容。其中，重点给出仿真结果是否满足任务书与其他补充规定的要求，仿真任务中产品装配过程是否存在风险，以及产品装配的可操作性结论。如有必要，在将仿真结果提交任务方之前，可对仿真结果开展评审。最后，对于仿真结果，包括仿真中的过程文件均应受控，以确保仿真结果的可追溯性。

（3）装配仿真建模方法

装配仿真模型由产品模型、装配资源模型及装配工艺模型组成，如图 5 - 7 所示。

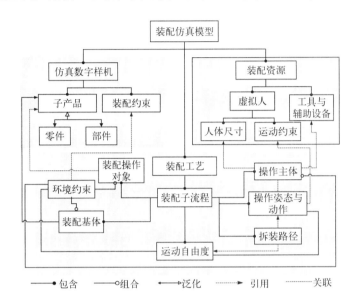

图 5 - 7　装配仿真模型

①产品模型

装配仿真中的产品模型包含了产品的几何特征信息、装配结构建模、装配零件之间的约束关系等信息。装配顺序生成时所需的装配信息主要包括零件的几何特征信息、非几何信息及零件之间的配合约束关系等信息。几何特征信息指零件的几何形状、相对位置和特定的装配特征（如孔、轴装配特征）；非几何信息指设计者的意图、装配环境及特定的装配条件等客观要求；配合关系信息指零件装配为装配体时相互之间的表面配合特征信息。

②装配资源模型

装配仿真中的虚拟人被用作研究人与设备和周围环境间的关系，以及人自身能力的评估。它是由多个子模型组成的，相关的模型包含人体尺寸模型、结构模型、感知模型、运动仿真模型及人机工程模型等。作为装配仿真的操作主体，虚拟人通过运动感知、结构与运动约束及运动学算法等方式，生成装配时虚拟人的姿态与动作，并对这些姿态与动作进行人机工程评估。

另外，装配资源还包括仿真中所使用的工具与辅助设备、装配的场所及周围环境的模型信息。

③装配工艺模型

在运载火箭研制中，当前的产品装配过程大多需要人手动完成。若仿真过程只考虑装配工艺中与产品安装过程相关的部分，则包含关于操作顺序、工具变换、部件移动方向等信息。装配子流程与装配姿态和动作这些要素均属于装配工艺范畴。产品的虚拟装配工艺是由一组装配子任务组成的。在单个装配任务中以虚拟人与虚拟样机分别作为装配操作主体与装配操作对象，控制虚拟人的运动完成虚拟样机上设备的装配操作。

（4）装配路径规划方法

火箭产品的研制对实施并行工程的需求十分强烈。产品在设计阶段就应当考虑装配对设计的影响。装配路径规划的制定一般要考虑零件设计中几何及功能约束、装配顺序及可拆卸性等。

①装配顺序规划

装配顺序规划主要研究装配顺序的生成与几何可行性分析。所谓装配顺序的几何可行性，从几何约束的角度来讲，是两个装配单元之间的装配操作或分解操作不存在几何干涉现象。为了描述装配体中各零件之间的几何干涉关系及装配顺序生成方法，研究人员相继提出各种概念和方法，如装配优先约束法、产品装配结构的关联图模型法、装配割集法、基于层次图的配合条件法、网络表示装配顺序路径法、基于经验的装配规划方法等。这些方法的目的是从众多的装配顺序中快速找到几何可行的装配顺序并且优选出少数几条相对较优的装配顺序。

在航天产品的装配设计过程中，零部件装配顺序生成的原则包括：

1）零部件装配顺序按照产品装配树的结构，符合自底向上、逐级向上的原则；

2）零部件按照装配顺序装配时满足无干涉、无碰撞原则；

3）零部件装配顺序符合装配模型中的装配优先关系原则；

4）零部件装配顺序并行、串行相结合原则。

而对于零部件装配顺序生成的要求如下：

1）确定零部件的装配基准和装配方向；

2）零部件装配协调部位的装配工艺性分析；

3）零部件装配的可操作性分析。

当装配顺序的推理方法确定后，需要表示生成的各种装配顺序。在选择装配顺序的表示方法时，主要考虑的问题如下：

1）表示方法所需的存储空间；

2）从装配模型直接推导出装配顺序表示的难易程度和是否可自动化；

3）转化为其他表示方法的难易；

4）用隐性表示时的正确性和完备性。

即使一个产品只包含较少的零件，可行的装配顺序数也是很多的。在特定的装配条件和要求下，需要选择最合适的装配顺序进行装配，使完成装配所需的成本最低、时间最短或装配设备的利用率最高等。这就需要对各种装配顺序进行评估。零部件装配顺序评价时应考虑的因素包含装配并行度、子装配体稳定性、装配复杂性、装配重定向数、聚合性、装配工艺性等。

②装配路径规划

装配顺序规划确定了零部件装配的顺序，但没有确定零件按什么方向或路径装配，以及装配是否发生干涉。装配路径规划是面向装配的设计中的关键技术之一。它在装配建模和装配顺序规划的基础上，充分利用装配信息（包括一定的装配环境和装配零部件的空间姿态等）进行路径分析、求解和判断，生成无碰撞的装配路径，即无碰撞干涉的路径规划，从而达到优化设计的效果。装配路径规划的内容主要包括：装配体及相关数据模型的前置处理、分离方向的确定、分离平移量的确定、拆分方向的确定和干涉检查。

装配路径规划的要求如下：

1）定义每一个零部件的装配路径；

2）确定零部件在装配路径中的位置和在装配空间中的姿态；

3）分析零部件在装配路径上的局部碰撞问题；

4）对零部件的装配路径进行几何可行性检查。

③装配碰撞检测

a）碰撞检测

在装配仿真环境中，为了真实地反映数字样机零部件之间、零部件与周围工作环境之间的几何干涉，必须进行实时的几何碰撞检测和响应，防止虚拟物体之间相互穿透。一个数字样机环境通常具有非常复杂的环境对象和若干个运动的对象，而每一个虚拟的对象又是由成千上万个基本的几何元素组成的，虚拟环境的几何复杂度使得碰撞检测的计算非常消耗时间。

通常碰撞检测可分为静态碰撞检测、动态碰撞检测和伪动态碰撞检测三类。

1）静态碰撞检测：判断活动对象在某一特定的位置和方向是否与环境对象相交。静态碰撞检测一般没有实时性的要求，在计算几何中有着广泛的研究。

2）动态碰撞检测：检测活动对象扫过的空间区域是否与环境对象相交。动态碰撞检测的研究一般都考虑到四维时空问题或结构空间精确的建模。

3）伪动态碰撞检测：是根据活动对象的活动路径检测它是否在某一离散的采样位置方向上与环境对象相交。伪动态碰撞检测有关于时间点和运动参数之间的信息，可以利用时空相关性获得较好的性能。

在装配仿真中，要求碰撞检测算法在精确地实现对象间的碰撞检测的同时保持算法的计算效率。仿真要求能够快速计算出模型之间所有精确的碰撞点。特别是在有实时性要求的虚拟环境中，算法须满足视觉刷新频率不小于 24 Hz，而要想在触觉上得到碰撞感，则碰撞检测算法的刷新频率则至少需要 1 000 Hz 以上。

碰撞检测算法如下：当需要知道两个物体是否碰撞时，可以先确定物体的哪一部分将发生碰撞，再进行干涉检测处理。此处的关键问题就是怎样快速确定将发生碰撞的区域，即怎么快速排除那些不会发生干涉的区域。根据确定潜在碰撞区域的方法不同，碰撞检测思路分为三类：层次包围盒法、空间分割法和图像空间法。

层次包围盒法是碰撞检测算法中最为经典的一种方法。其基本思想是用体积略大而几何特性简单的包围盒来近似地描述复杂的几何对象，进而把这些基本的几何对象构造成树状的层次结构，随着树深度的增加，这些基本几何对象对模型的逼近精度也就越高，直到几乎完全获得对象的几何特性。此时只要对不同层次的包围盒进行相交测试，就能迅速确定发生碰撞的包围盒，也就确定了模型的潜在碰撞区域。目前典型的包围盒包括基于坐标轴的包围盒（AABB）、方向包围盒（OBB）、包围球、凸包及K‑DOPs等。

空间分割法的基本思想是对整个空间沿三个坐标轴方向进行分割，形成一系列单元格，碰撞检测只对占据了同一单元格或相邻单元格的几何对象进行相交测试。与层次包围盒法类似，空间分割法也需要构建树状结构，比较典型的有k‑d树、八叉树、BSP树等。空间分割法通常适用于稀疏的环境中分别比较均匀的几何对象间的碰撞检测。在空间分割时，单元格尺寸的确定需要综合考虑静态碰撞检测效率、存储效率及数据更新效率等因素。

图像空间法一般是将三维物体通过向参考面投影降维而得到一个二维的图像空间，然后分析保存在图像空间的各类缓存信息，继而测出物体之间是否发生碰撞，并进行下一步的响应处理。基于图像空间的碰撞检测算法不同于层次包围盒等基于几何空间的算法，一般不需要预处理时间，所以特别适合于进行动态碰撞检测。

b）装配语义与几何约束的识别与建立

1）装配语义的识别与建立：装配仿真的一个重要任务就是动态识别与建立零件之间的装配关系。获得产品装配关系有两种途径：

一种是由设计者交互指定零件间的装配关系，通常是先指定待装配零件与已装配零件中的几何体素，然后指定目标实体之间的装配约束类型。这种方式在非沉浸式的装配仿真中被广范采用。

另一种途径是由系统自动识别零部件间的装配关系，系统根据交互操作的情况，实施捕捉系统操作者的装配意图，从而识别并建立零部件之间的装配关系。这种方式适用于采用实时交互的沉浸式虚拟环境中。

2）几何约束的识别：在非沉浸式的装配仿真环境中，装配语义及其蕴含的几何约束同时建立。而在实时交互的沉浸式虚拟装配环境中，几何约束是随着设计者对零件位姿的交互调整而动态建立。在装配语义识别完成后，还需要对几何约束进行进一步的识别，以便动态反映零部件间配合约束关系的建立过程。例如，在螺钉的装配过程中，在轴孔约束的装配语义被自动识别后，还需分别完成同轴和面贴合的几何约束识别。几何约束的识别需要满足一定的识别顺序，使其与装配语义关联的物理属性相符。

3）装配自由度分析与运动导航：装配自由度分析的主要任务是根据零件所受的装配几何约束建立其等价运动自由度，并通过运动自由度确定零件的可自由运动方向。

在沉浸式的虚拟装配过程中，通过三维交互方式直接控制零件模型在虚拟环境中的空间运动。由于虚拟环境中触觉反馈的缺乏，方位跟踪精度也受限制，为了实现虚拟环境中零部件的精确定位，需要通过装配运动导航的方式对零部件的运动进行引导，这也是沉浸式装配仿真系统需要解决的关键问题。

（5）人机工程分析方法

①虚拟人特点分析

人机工程分析是装配仿真中的重要组成部分，虚拟人（Virtual Human，VH）是真实人在虚拟环境中的几何特性与行为特性的表示，属于多功能感知计算的研究内容。装配仿真中的虚拟人应具有如下特性：虚拟人及周围环境均用三维几何模型表示，且有自己的时间特性；虚拟人尺寸应符合人体测量学标准，其骨骼结构模型须满足真实人的约束要求；虚拟人可以同周围环境进行交互。

②可视性与可达性分析方法

可达性是装配时接近产品不同组成单元的相对难易程度，也就是接近维修部位的难易程度。装配部位看得见、够得着，不需要拆装其他单元或拆装简便，容易达到装配部位，同时具有为检查、修理或更换所需要的空间就是可达性好。而装配部位看不见或看不清、够不着，工具使用空间受限，某零件的检查十分困难，此时可达性很差。可达性在具体分析时可以分成多个指标，视觉可达、操作可达、操作空间要求都可归为可达性要求。虚拟技术为可达性分析提供了有效手段，如图 5 - 8 所示。

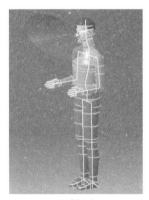

(a) 虚拟人

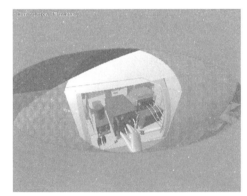

(b) 可视性分析

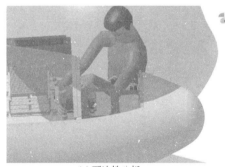

(c) 可达性分析

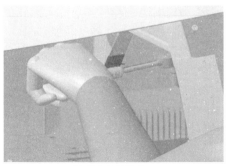

(d) 操作空间检查

图 5 - 8   虚拟人的可达性分析与评价方法

③姿态分析方法

目前的姿态分析考虑人的尺寸、各种能力(如体力、感官力、耐受力、心理容量)等因素与设备本身的关系,以及如何提高装配工作效率、质量和减轻人员疲劳等方面的问题。装配时人员有良好的工作姿态、合适的工具、适度的负荷强度,就能提高装配人员的工作质量和效率。虚拟人模型为人机工程分析提供了极大的便利。图5-9描述了采用虚拟人的人机工程分析,其中图(a)描述了人体在拆装中的舒适度划分,而图(b)则给出了一个人体在特定姿态下承受外力时的姿态舒适度与疲劳度分析的实例。

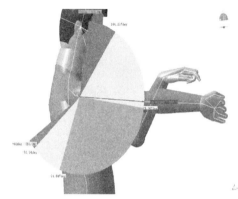

(a) 人体舒适度划分

(b) 动态舒适度分析

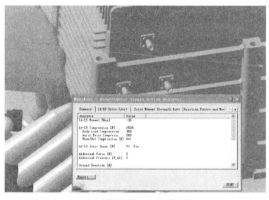

(c) 虚拟人的生物力学分析

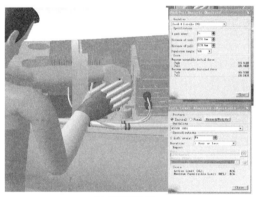

(d) 疲劳度分析

图5-9 虚拟环境下的人机工程分析

(6)可装配性评估方法

装配仿真的任务是用可视化手段研究和解决产品的可装配性问题。基于可装配性评价系统框架,对产品可装配性进行评价是装配仿真研究的重要内容。结合多年的仿真经验提出一种分析评价思路:结合装配仿真环境,对产品可装配性及人机工效等多项指标进行综合分析评价。

①可装配性评价系统框架

产品可装配性评价系统总体框架如图 5 - 10 所示，装配模型为二叉树，根节点为装配体(产品)，叶节点为零件，其他节点为装配过程中某一阶段的装配单元。该装配单元由它的两个子节点(零件或前期装配单元)装配而成。节点数据结构中包含完成该装配所需要的所有约束条件，如装配关系、定位方法、配合方式与精度、连接属性。采用二叉树遍历搜索装配模型各节点，分析比较该节点的各种装配属性及其父子节点的关系，即进行可装配性评价。

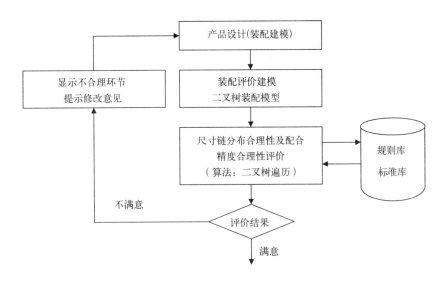

图 5 - 10　可装配性评价系统框架

装配评价建模部分只需读取产品设计的数据，形成所需的二叉树评价模型。叶节点为单个零件，无装配属性，因此在除叶节点之外的每个节点上，根据规则库、标准库或设计经验库中的装配设计准则对装配尺寸及每对配合进行分析、比较，得出评价结果。同时在库中搜索，求出设计合理域，提出改进设计的意见。根据产品设计模型与评价系统之间的关联链，直接在设计环境下的原装配结构上加亮显示不合理或出错的环节。设计环境是基于原型的产品。规则库内存放有关装配的合理设计、规范设计、在特定情况下的最佳设计等规则，是分析评价配合精度、配合种类及结构尺寸等指标的主要依据。规则的收集、整理，规则库的组织、管理、维护是实现可装配性评价的关键。

综合考虑影响产品装配性能的各种因素，如几何特性、物理特性、连接特性、操作特性等，对产品的装配结构进行系统化分析评价，给出再设计建议。评价体系、再设计机制、知识库与数据库的构造等是其中的核心内容。

②可装配性评价实例分析

本实例设置了实例分析应用的 2 个目标层次。

1)动态装配仿真：以装配顺序为基础，可对初始路径及其关键点位姿进行实时交互修改与调整，干涉检查不仅指出各条路径是否存在干涉，还检查路径上各相邻关键点之间的干涉碰撞情况。

2）人机工效仿真：提供操作人员的实时视野、范围和强度的验证与分析，检查任务是否可以完成的同时，从更适于人性化操作的角度出发，对可视性、可达性、舒适性进行评价。

在建立了可装配性评价框架与装配仿真模型以后，进行评价实施的具体过程中，有许多可装配性因素的评价需要依靠专家根据经验进行评定。由于这些因素数目繁多，因此必须设计一个有效的机制管理这些评价信息。

以某芯级机构伺服机构安装为例，对两种不同装配形式进行上述两个层次的可装配性评价，图 5 - 11 和图 5 - 12 为仿真结果图。

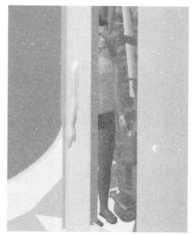

图 5 - 11　装配路径干涉

(a) 较差 (存在不舒适区)　　　　　　(b) 较优 (无不舒适区)

图 5 - 12　两个装配样本示例

以气液加注连接器安装仿真为对象，本实例在完成动态装配仿真及人机工效仿真两个层次工作的基础上，添加了机械接口的动态协调，对不同系统间机械接口的设计进行验证。结果如图 5 - 13 和图 5 - 14 所示。

图 5 - 13　气液加注连接器安装方案

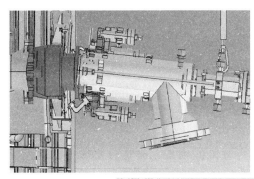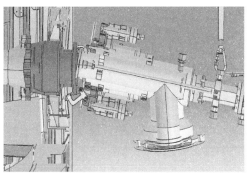

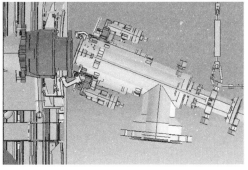

图 5 - 14　气液加注连接器的动态协调

5.1.1.3 流程仿真

(1)流程仿真目标

近年来随着国际火箭发射市场竞争加剧,在有限的时间、有限的研制经费、有限的人力约束及越来越高的研制质量条件下,对运载火箭设计手段、试验方法及研制流程提出了更高的要求。在大型地面试验前迫切需要实现对试验流程方案合理性、正确性的验证,形成一套模式固化、流程明确、职责清晰的技术协调方案和工作流程;同时,构建一套涵盖全要素、全流程的试验虚拟产品;进行布局协调、关键舱段装配、人机工程仿真,替代实物试验发挥预示作用。

作为大型地面试验前的一项重要工作,基于数字样机开展火箭总体与各大系统之间的流程仿真预示意义重大,主要有以下工程应用价值:

1)通过仿真分析为布局设计、制定工装方案和工作内容提供依据;

2)提供试验预示,为实物试验提供指导性的认识,提高试验操作水平;

3)可为在实物试验时无法进行的试验内容进行仿真试验,如火箭倾倒对发射场的影响性分析;

4)根据以往试验结果实现按真实操作环境进行仿真和验证。

(2)流程仿真工作流程

下面将以数字合练为例,对流程仿真工作流程进行说明。数字合练是流程仿真技术在新型火箭研制过程中的成功应用,它是基于数字样机,在计算机环境中开展的一次火箭测试发射全流程的"虚拟演习"。通过数字合练,火箭系统、发射支持系统、发射场系统等各系统在虚拟环境中开展数字样机对接。它在实物合练前实现厂房设施布局、结构接口协调、操作流程仿真及人机工程分析,验证合练方案的正确性和合理性,考察各系统结构设计协调性,考核关键产品的可装配性及维修性,及早暴露并解决各种薄弱环节,力争减小正式合练后由于各类问题对研制进度带来的影响。

与实物合练相比,数字合练可以提前开展各系统间协调,避免在实物合练时发现问题。通过数字合练,达到三个层次:一是验证合练过程中流程的合理性及接口的协调性;二是识别可能存在的风险及危险操作;三是优化合练流程及相关操作。

发射场数字合练的主要工作包含以下几个方面:

1)验证火箭总体和分系统设计的正确性、合理性和协调性;

2)验证火箭与其他地面设备之间、发射场地面设施之间的接口协调性;

3)验证火箭与货运飞船接口的协调性;

4)验证火箭发射场测发流程、测试细则、操作规程的正确性;

5)验证火箭在发射场总装保留工序的操作协调性;

6)检查发射场使用文件的完整性、协调性和正确性。

基于上述分析可以确定数字合练的试验项目如表 5-1 所示。

表 5 - 1　数字合练试验项目

序号	试验项目	备注
水平厂房		
1	水平厂房布局及操作流程	
2	主要单元测试间产品布局及操作流程	含产品、设备进出厂房，以及准备工作、测试工作等
垂直总装测试厂房		
1	活动发射平台与厂房接口协调验证	含发射平台检查、维修，发射平台与厂房之间的电、气、液接口，活动发射平台结构主体、摆杆与厂房内包络和操作平台协调等
2	箭体运输、吊装操作流程仿真	含星罩组合体吊装
3	在垂直总装测试厂房吊装更换伺服机构流程仿真	
4	吊装尾翼流程仿真	
5	垂直总装测试厂房火箭总装、测试操作流程验证	
卫星加注及合罩厂房		
1	整流罩总装测试厅布局及操作流程仿真	
2	卫星加注及合罩厅布局、接口及操作流程仿真	从合罩准备到星罩组合体转运出厂房
发射阵地		
1	火箭转场流程仿真	
2	活动发射平台与发射工位接口协调验证	
3	火箭/发射平台/地连接操作流程仿真	
4	发射工位总装测试操作流程仿真	
5	瞄准间布局及接口协调验证	
6	瞄准、垂调操作流程仿真	
7	发射工位应急处理操作流程仿真	
8	在发射平台上吊装更换伺服机构流程仿真	

　　数字合练工作的全流程如图 5 - 15 所示。主要包括：厂房数字合练、发射台数字合练、箭台数字合练、箭塔数字合练、全流程数字合练，贯穿火箭从运输进场至射前的全要素流程仿真。

　　1）厂房数字合练：验证火箭含转场运输、吊装、起竖、对接、整流罩合罩、运输、星箭对接在内的与发射场设施之间的协调性，检验各大厂房内箭体停放布局、吊装转载次序、星箭联合操作的合理性和检验火箭总装、测试在发射场保留工序的操作协调性。

　　2）发射台数字合练：验证发射台与垂直总装厂房、固定勤务塔接口的匹配性，转场行走、转弯功能检查；在发射中心状态转换，在发射中心接口检查(气、液、电、空调、喷水管路等），检查摆杆在发射区摆开及转场返回、状态复位等。

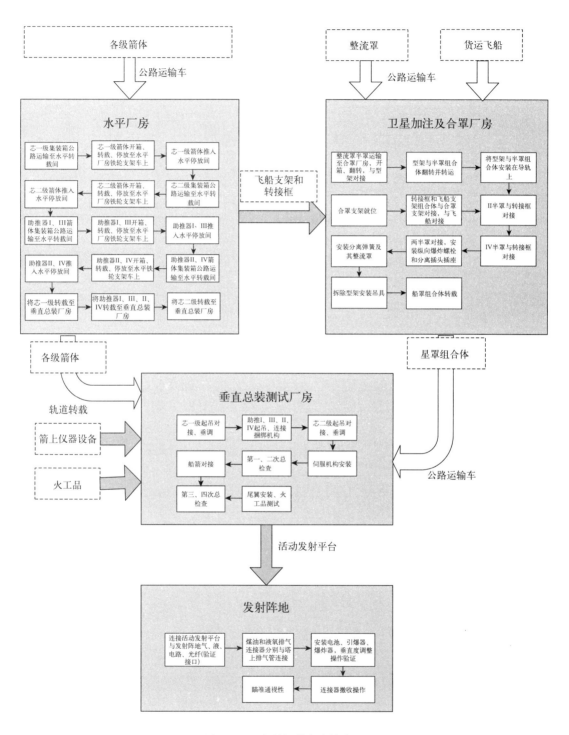

图 5 – 15 　发射场数字合练流程

3）箭台数字合练：验证火箭与其地面设备之间的协调性，包括箭体与电缆摆杆、箭体与空调送风装置；协调箭体与连接器对接及摆杆摆开过程。

4）箭塔数字合练：验证火箭在发射中心与固定勤务塔之间的协调性。包括箭体与塔架上的地面煤油加注管路、液氧和煤油排气管路、塔架各级工作平台高度、火箭方位瞄准光线通路等。

5）全流程数字合练：验证火箭总体和分系统设计的正确性、合理性和协调性。包括火箭内部操作的伺服机构安装、尾翼安装、捆绑机构安装、箭上关键设备安装，检验发射场测发流程、测试细则、操作规程的正确性，也检查发射场使用文件的完整性、协调性和正确性。

针对数字合练中所有合练项目，开展各厂房相关的合练工作。

（3）流程仿真分析方法

①水平厂房合练

火箭采用海运 + 公路方式运输进场，在水平厂房完成转载、检查和单元测试，箭体在厂房内采用吊装转载方式。在水平厂房内的数字合练如图 5 – 16 所示。

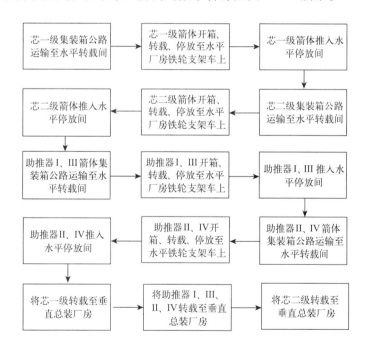

图 5 – 16　水平厂房数字合练流程

1）箭体卸车转载接口协调。针对火箭各级箭体的卸车、转载过程，对运输进场、吊装转载时箭体、地面设备及厂房间的协调性和所有的有接口协调要求的组件、部件的协调部位，包括各级箭体运输车、集装箱、集装箱吊具、箭体运输支架、转载平台车、箭体水平吊具的接口部位，都要求运用虚拟布局技术、流程仿真技术进行数字合练，以验证设计是否合理。

2)厂房内布局与转运方案验证并优化。针对箭体及地面设备在厂房内布局,对各种可行的布局方案及转运方案进行分析,选取最优的箭体停放布局与转运方案,减少产品吊装次数,提高产品转运的安全性和可靠性。

②卫星加注及合罩厂房合练

火箭整流罩在卫星加注与合罩厂房内完成合罩设备停放及准备,进行整流罩转载、停放、装配、检查、测试,整流罩与型架连接、清洁、测试,转入卫星加注合罩厅、合罩、船罩组合体转载等一系列操作。卫星合罩厂房数字合练流程如图 5 - 17 所示。

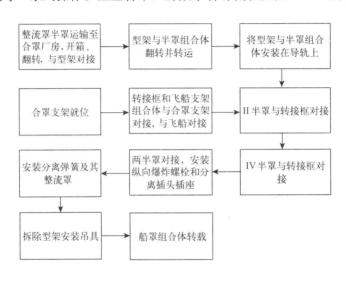

图 5 - 17　卫星合罩厂房数字合练流程

1)整流罩在卫星合罩厂房内空间协调。对于整流罩、整流罩装配型架、水平支架车、吊具、拖车、整流罩合罩支架、高空作业车等在卫星厂房内的布局,以及所有的有接口协调要求的组件、部件的协调部位,运用虚拟装配技术、运动仿真技术验证接口是否匹配,设计是否合理。

2)合罩流程验证与优化。对于合罩流程,根据整流罩产品及工装的几何特征、精度特征,运用流程仿真技术模拟合罩对接过程,确定合理的合罩顺序。

3)人工操作可行性分析与验证。对于合罩过程中的相关操作,如在高空作业车上拆除翻转吊具,运用人机工程技术分析得出人工操作是否可行,以及操作时需要工装设备的数量和规格。

③垂直总装测试厂房合练

火箭芯级和助推器都通过铁轨支架车推入垂直厂房的垂直总装测试大厅准备起竖和捆绑对接。在垂直厂房内完成活动发射平台恢复、检修、测试,全箭吊装(部段起竖、对接、尾翼安装),箭上仪器设备安装,船箭对接,分系统测试及全箭综合测试,转场准备。

作为发射场合练的主要工作厂房,垂直总装测试厂房开展数字合练的工作流程如图 5 - 18 所示。

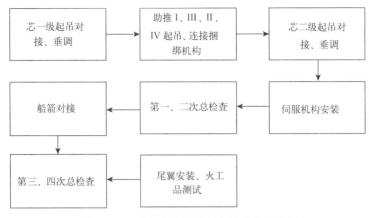

图 5-18　垂直总装测试厂房数字合练流程

数字合练验证的项目包括：

1）发射台与厂房间的协调性检查。检查活动发射平台在厂房内的相对位置，摆杆在其小角度摆开位置以及摆动过程中与厂房的位置关系，发现并解决活动发射平台与垂直厂房间的不协调问题。

2）厂房各层工作平台与箭体间的活动间隙检查。考虑箭体上各突起物，检查活动工作平台合拢后箭体与平台间的干涉或间隙过小的情况；考虑各层平台打开或合拢的工作状态，检查动态过程中箭体与平台间的干涉或间隙过小的情况。

3）活动工作平台高度的协调性检查。检查各层活动工作平台之间是否干涉，在保证满足平台上所有操作的情况下，确定合理的平台高度。需要综合考虑各层平台间标高、相关操作高度，以及平台与活动发射平台摆杆间的相对高度。在平台高度协调时引入虚拟人分析操作高度是否满足要求，确定准确的工作梯高度及安装位置要求。平台上需协调高度的相关操作包括吊具拆装、连接器拆装、各入舱操作口盖、捆绑机构、分离装置等。捆绑连杆对接操作如图 5-19 所示。

图 5-19　捆绑连杆对接操作

4）各级箭体的起吊对接操作流程分析。对箭体与翻转吊具间的接口协调性进行验证，检查翻转过程中吊具与箭体之间的活动间隙，发现并解决吊装中箭体与活动发射平台及垂直厂房间可能出现的不协调情况。

5）发射场总装保留工序的操作协调性分析。针对发射场操作的要求和箭上产品的结构特点，选择较复杂的仪器舱惯组、箱间段电池部件，通过装配仿真进行拆装可行性分析，利用人机工程技术，在计算机上采用与发射场完全一致的虚拟操作环境，真实地模拟产品三维装配过程，通过以仿真为中心的虚拟装配、干涉分析等，发现拆装过程中存在的问题，满足发射场操作要求。确定拆装方案并验证方案的可行性，对需要采用特殊方式进行拆装的仪器设备给出工装及工具要求，减少装配工装设备、辅料、备附件等工艺设备数量。

在垂直总装测试厂房内进行的箭上操作内容包括捆绑机构拆装、关键仪器设备拆装、各级伺服机构拆装、尾翼安装等，都要在合练中运用人机工程技术进行重点验证。惯组电导通性检查、伺服机构的安装操作仿真如图 5 - 20 和图 5 - 21 所示。

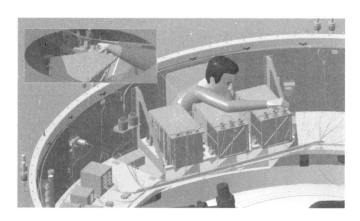

图 5 - 20　惯组电导通性检查

图 5 - 21　伺服机构的安装操作仿真

④发射阵地合练

火箭在发射区主要完成功能检查、船箭接口检查、联合检查、瞄准、加注、射前检查和发射工作。发射区是射前合练工作的主要阵地，其数字合练流程如图 5-22 所示。

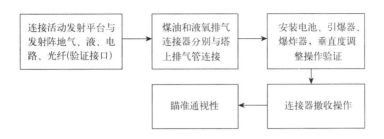

图 5-22　发射阵地数字合练流程

合练验证内容主要包括：

1）勤务塔与发射台间活动间隙检查。包括发射区回转平台及活动发射平台摆杆合并、打开状态下的活动间隙检查。验证发射阵地、活动发射平台及箭体间的间隙是否满足要求。

2）发射阵地活动工作平台高度的协调性检查。检查各层活动工作平台之间是否干涉，在保证满足平台上所有操作要求的情况下，确定合理的平台高度。在发射阵地平台高度的分析与确定方法与垂直总装测试厂房相同。

3）通视性分析。采用虚拟人的视域仿真和分析方法开展通视性分析，包括瞄准通视性、地面天线与箭上设备间的信号通过性分析。对瞄准间布局及接口进行协调性验证，开展瞄准、垂调操作流程仿真。

4）加注供气接口分析。通过火箭/发射平台/地连接操作流程仿真，对发射场及发射支持系统的各供气管路的接口进行验证，分析管路间及箭地间是否存在接口不协调问题。

5）应急处理操作流程仿真。通过装配仿真对发射工位应急处理操作流程进行仿真。

5.1.1.4　仿真效果

目前，基于几何样机的数字模装、装配仿真、流程仿真在 CZ-5、CZ-7 等运载火箭研制过程中均得到了深入应用，实现了全流程的精细化预演，提前发现并解决设计不协调问题，达到设计优化的效果，对于运载火箭的研制起到了积极的促进作用，包括：

1）各系统通过实施数字模装及数字合练试验，得以提前发现箭塔间及箭地间的不协调问题，验证了火箭各系统间、发射台及发射场设施间的正确性、合理性和协调性，为火箭各系统、火箭与发射场系统的技术协调提供了依据。

2）建立了一种基于几何样机替代实物样机的新型协调机制，实现对接口方案的正确性和合理性验证，暴露并解决了潜在的问题，减少了正式试验后由于不协调问题带来的研制反复。例如，数字合练使得工程师与管理者直观地看到发射场厂房内部构造及布置情况，掌握厂房内相应尺寸空间，了解火箭内部空间，并很好地了解在合练中需要执行的全部任务。

3）在箭上结构或厂房布局设计中引入了数字人体模型，作为箭地活动工作平台与火箭协调中的有效参照。通过引入数字人体模型模拟在舱口操作和从舱口进出的动作，打消了对箭上舱口设计和平台高度的担忧，对快速确定平台高度、操作活动的适应性评估及配套工作设备的提出均具有重要的指导作用。

4）提出了通过视景仿真方式进行通视性分析及瞄准窗口余量设计新方法，为通过仿真进行瞄准通视性评估提供了有效方案。

5）仿真结果已作为制定发射场使用文件（包括保留工序）的重要依据，同时利用仿真结果可制作发射场交互式电子技术手册，为执行发射任务的参试人员提供虚拟操作培训和可视化总装规程。

6）实现了多种不同格式模型在仿真中的应用，特别是以工程设计所提供的三垂厂房、固定勤务塔模型为基础，突破了大规模异构模型转换瓶颈技术，建立了结构转换及模型重构方法。

总结目前各型号应用几何样机仿真实践经验，形成以下几点启示：

1）通过几何样机获得各系统产品设计的相关信息，可以有效减少实物试验的盲目性和不确定因素，增强总体设计决策的合理性和科学性。几何样机仿真是打通数字化设计和实物试验之间的一个重要环节，是提高航天产品的设计质量及确保设计改进有效性的重要发展趋势。

2）模型的精确性是数字模装试验、数字合练试验准确性的必要保证，准确的几何样机模型是数字化试验替代实物试验的重要保障。同时，数字化试验的成功建立在以往大量实物试验积累的数据与经验基础上，因此，在数字化试验开展前应确保各系统模型的精确性和实物试验参考文件的完备性。

3）目前几何样机仿真的验证对象仅限于接口尺寸协调、空间布局验证、流程可实现性和合理性、人机工效分析，在柔性接口仿真等方面基础薄弱，因此后续数字化研制过程中将进一步开展柔性装配及流程仿真技术研究工作，以进一步拓展几何数字样机仿真应用领域。

5. 1. 2　结构性能样机仿真

运载火箭结构性能样机是依据相关的标准规范，建立能够实现在运载火箭研制各阶段，进行箭体结构的性能定义、分析、评估、优化和展示的数字样机。结构性能样机，主要用于箭体结构强度、刚度和稳定性分析，其内涵包括性能指标、性能仿真模型、性能仿真结果等在内的性能仿真数据的集合。结构几何样机从结构视角描述产品的组成、空间位置、装配关系和材料及工艺属性等，主要面向产品的构造和实现过程；结构性能样机从性能视角描述产品的结构性能特征，包含产品静态和动态特性的描述，面向产品研发过程分析。一般来说，在结构性能样机建模及分析过程中，需要从几何样机中提取相关信息，包括结构几何外形、空间位置、装配关系、材料属性等。

5.1.2.1　仿真目标

结构性能样机仿真的目标是对运载火箭在复杂力学环境中的结构性能进行预示，确保结构的承载能力达到设计要求，是结构设计过程中非常重要的环节。

在有限元方法大规模应用之前，一般采用工程算法进行结构性能分析计算。所计算的问题主要集中在简壳、锥壳、球壳结构的整体承载能力，规则结构的应力、应变、位移等。其计算结果的精度基本满足结构设计的需要。但是，工程算法在非线性问题、局部应力集中、不规则结构、不规则载荷、振动、冲击等问题面前遇到了很大的困难。这些问题只能通过经验设计、试验验证的方法来解决。

随着有限元技术的不断发展和普及，以有限元法为基础的结构性能样机仿真分析在结构设计过程中起到了越来越重要的作用，结构性能样机仿真不仅可以对常规结构的整体承载能力、应力、应变、位移等问题进行分析，也能够有效解决局部结构、不规则结构的强度分析问题。

在运载火箭研制过程中，结构性能样机仿真的内容涉及运载火箭结构系统中的各个部段，包括整流罩、卫星/飞船支架、仪器舱、推进剂贮箱、尾段等，常见的结构形式包括蒙皮桁条结构、网格加筋结构、空间杆系结构等。

5.1.2.2　仿真试验方法

运载火箭研制工程中，结构性能样机仿真试验的方法主要为有限元法。结构分析常用的近似分析方法有三种：有限差分法、里兹法和有限元法。其中，有限差分法的基本原理是把微分方程变成差分方程，用数值差分代替微分，从而求得问题的近似解。显然，当差分站点距离足够小时，差分方程的求解结果就逼近于微分方程求解的结果；里兹法是有限元法进入大规模工程应用前最常用的一种分析方法，里兹法的理论基础是弹性力学的最小势能原理；有限元法是在里兹法基础上发展起来的一种近似法。里兹法为近似求解弹性力学问题提供了一种非常有效的方法，但它要求先假定一个能满足研究对象几何边界条件的位移函数，对于形状复杂的研究对象，这种位移函数是很难得到的。于是有人提出如果把一个复杂的研究对象离散成有限个单元，则每个单元的形状可以变得相对简单，如把实体离散成平行六面体，把板、壳离散成四边形、三角形单元，把杆、梁离散成线性单元等。显然，对这些形状比较规则的单元，人们容易找到一个满足边界条件的位移函数或插值函数，采用里兹法类似的方法，可以求得每个单元的解。为保证整个结构的连续性，这些离散单元在公共节点上必须具有相同的位移和转角，因此可以得到一组与节点自由度个数相等的代数方程。只要求解这一组代数方程就可以得到问题的最终解。有限元法是随着计算机技术的发展而兴起的一种数值求解法。在相同的节点下，有限元法能得到比差分法更高的精度，这是因为差分法在两点之间采用的是线性插值，而有限元法采用的是多项式插值。有限元求解过程看起来很复杂，但很容易用计算机程序来实现，而且只要单元库足够丰富，有限元法可适用于各种类型、不同结构和边界条件的结构分析，这就是为什么有限元法能在航天器结构分析中占绝对优势的原因。

在运载火箭结构性能样机的一个有限元分析问题中，从时序上看，要经历如图5－23所示的前处理建模、方程求解和后置处理三个部分。这三部分之间的信息传递关系如图5－24所示。

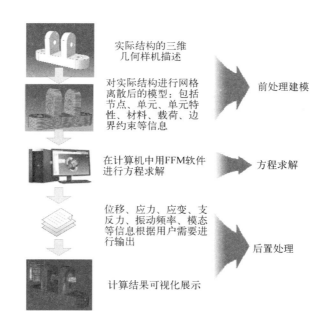

图5－23　有限元结构分析图示

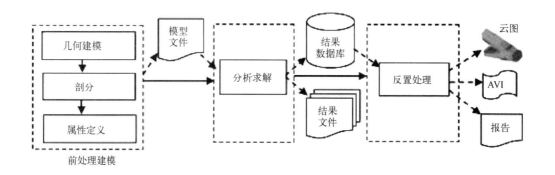

图5－24　有限元分析的流程及数据关系

前处理建模的任务是建立分析模型，通过力学抽象，把一个物理模型转化为力学模型，继而又转化为计算机程序求解所需的输入数据文件。前处理建模过程包括几何建模、剖分和属性定义三个部分。首先通过前处理程序或从外部导入模型的方法，建立分析对象的几何模型；然后对模型进行剖分，把相邻的两个单元通过公共节点连接在一起；最后是属性定义，包括指定分析类型和定义单元特性、材料性质、载荷条件及边界条件等，完成分析模型的建立工作。前处理建模的结果会自动生成一个有限元求解器需要的数据文件，尽管随着前处理程序与求解器集成度的提高，这个数据文件似乎已不再显现在桌面上，但它是前处理程序与分析求解器之间必然存在的一个重要接口文件。

分析求解器是有限元分析的核心，它以数据文件为入口信息源，在它内部进行单刚生成、总刚装配、边界节点删除、解方程等一系列运算，输出分析结果。对于非线性问题，方程的求解是一个迭代问题。在求解过程中，总刚生成的时间与自由度 N 成正比，矩阵求解的时间与 N^2 成正比，应力恢复的时间与自由度 N 成正比，所以主要的运算时间消耗于矩阵的求解。分析求解得到的结果是一系列 ASCⅡ 码结果文件和若干个二进制数据文件，为了形象地显示分析计算的结果，需要通过后置处理软件把计算结果变成结构变形图、应力分布图或动画显示。

5.1.2.3　仿真建模方法

仿真建模直接关系结构性能样机仿真结果的精确性，是结构性能样机仿真中的重要步骤。以 PATRAN – NASTRAN 为例，图 5 – 25 给出了航天器整体结构分析中几何建模常用的三种方法。其中①、②、③表示三种不同的方法，虚线表示信息流，实线表示工作流。

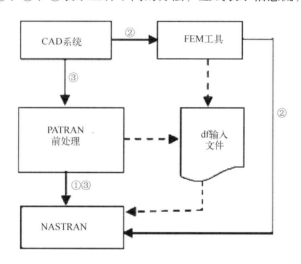

图 5 – 25　有限元分析建模的三种方法

1）前处理软件建模。利用 CAE 软件自身的建模工具（如利用 PATRAN）为 NASTRAN 的前处理软件进行几何模型和分析模型的建立。这是大多数结构分析工程师目前常用的方法，它的优点是可以充分利用前处理建模工具与 CAE 软件高度集成的优点，选用分析软件提供的功能库和单元库，完成分析模型的建立。在剖分的算法上，CAE 软件本身的前处理软件往往比其他系统开发的软件更为有效。其缺点是没有直接利用上游 CAD 设计模型，需要二次建模，工作效率低。相对于专业的 CAD 系统，CAE 系统的前处理软件在几何建模、特征编辑、参数驱动等造型功能方面都很弱，一个熟悉 CAD 工具的工程师，一进入 PATRAN 或 ANSYS 等建模环境总会感到非常不习惯。

2）CAD/FEM 建模。几乎所有的 CAD 软件中都会有一个有限元分析接口模块，有的

CAD 软件还会提供一个简单的有限元分析软件模块。在 CAD 系统中，用户可以直接利用 CAD 设计模型来完成分析模型的建立，然后直接生成一个分析软件的入口文件（如 NAS-TRAN 的 . bdf 文件）。通过利用 CAD 系统提供的强大造型能力，建模的效率很高。但是缺点是利用这个几何模型来建立分析模型时，往往受两个软件厂商产品版本不协调的影响，无法充分利用 CAE 软件的最新单元库和功能库，如在单元类型上，大部分 CAD 系统只支持 4 节点面单元，不支持高精度 8 节点面单元；在分析类型上，一般只支持静力和模态分析，不支持响应分析。不过随着 CAD/CAE 软件融合技术的发展，CAE 软件可能只是 CAD 系统的一个插件，这种建模方法会得到更大的应用。

3）混合建模。在 CAD 系统中完成几何模型的造型，然后把模型作为一种半成品导入 PATRAN 这类前处理软件，通过中面抽取、局部修改等手段，在前处理软件中完成几何建模和分析建模。这种建模方法能扬长避短，兼有上述两种方法的优点，又可以避免它们的缺点。但这种建模方法往往要求用户同时熟悉两种建模软件，许多分析人员不熟悉 CAD 软件，而许多设计人员又不会 CAE 软件，这是推广混合建模最大的障碍。

在运载火箭研制过程中，按照结构形式的不同，主要涉及蒙皮桁条结构建模、网格加筋结构建模、空间杆系结构建模等。

（1）蒙皮桁条结构

蒙皮桁条结构是运载火箭结构系统中常用的结构形式，一般应用在整流罩、卫星支架、仪器舱、级间段等部段，通常由蒙皮、对接框、桁条等结构元件组成。在性能样机建模中，蒙皮桁条结构一般会将蒙皮简化为壳单元，桁条简化为梁单元或者壳单元，对接框简化为壳单元。

由于蒙皮桁条结构易出现蒙皮的局部失稳，如果采用隐式方法无法得到结果，可以考虑采用显式动力学方法进行仿真分析。蒙皮桁条结构性能样机示意图如图 5 - 26 所示。

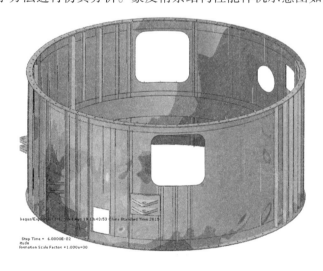

图 5 - 26　蒙皮桁条结构性能样机示意图

（2）网格加筋结构

网格加筋结构常用于贮箱、壳段设计。网格加筋结构的筋条沿母线方向以一定角度排布于壳的一侧，和蒙皮形成一整体结构。在性能样机建模过程中，网格加筋结构多把蒙皮简化为壳单元，筋条简化为梁单元或者壳单元。网格加筋结构的破坏形式主要为材料破坏、整体失稳、局部失稳、金属屈服等，如果存在局部失稳或金属屈服现象，分析时需要考虑几何非线性和材料非线性。网格加筋结构性能样机示意图如图 5 - 27 所示。

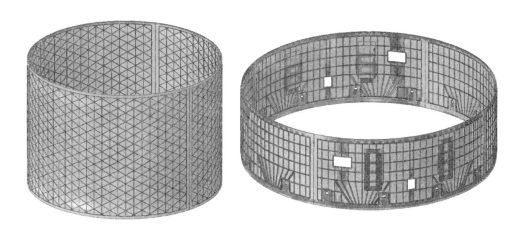

图 5 - 27　网格加筋结构性能样机示意图

（3）空间杆系结构

空间杆系结构常见于运载火箭级间段、发动机支架、悬挂式贮箱箱间段等部段。空间杆系结构一般由空心圆管结构组成，通过特定接头与相邻部段连接。在性能样机建模过程中，一般将杆系建成梁单元或板壳单元，将接头简化为板壳单元。对于局部接头强度校核，需要建立详细的接头模型。空间杆系结构性能样机示意图如图 5 - 28 所示。

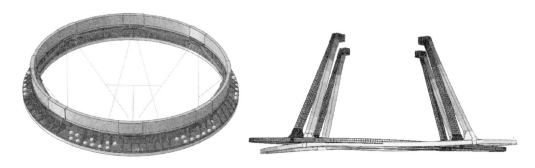

图 5 - 28　空间杆系结构性能样机示意图

5.1.2.4　仿真效果

结构性能样机仿真技术在运载火箭结构设计领域起到了至关重要的作用。通过对有限元方法的深入应用，提升结构系统综合仿真能力，为结构系统综合性能和结构设计效率的提升及研制成本的降低做出了贡献。

（1）提升运载火箭结构系统综合性能

通过性能样机技术在运载火箭研制阶段的应用，可以对结构整体或局部进行虚拟仿真和分析评估，进行多个结构部件的性能综合分析、结构优化和性能指标权衡分析。随着有限元技术的发展和应用，结构性能样机仿真已不局限于规则结构，相比于工程算法，有限元法通过模块化建模及装配、网格离散等方法对复杂结构进行模拟逼近，使目前结构性能样机对于复杂结构、不规则结构的仿真精度有了一定的提升，加强了结构系统的性能分析能力，进而提升了运载火箭结构性能。

（2）缩短研制周期和研制成本

通过性能样机技术可以在原理样机之前进行性能展示，可以支撑设计方案的权衡优化，便于早期发现设计问题，减少后期工程更改的成本和周期，可以为物理试验的工况筛选、方案设计、试验趋势预测等提供参考，以减少和替代部分物理试验，并且在一些极端工况下或者试验条件不可及的情况下弥补物理试验的不足，从而缩短周期、降低成本。

5.2　电气数字样机仿真

电气系统是运载火箭的中枢神经系统，对火箭的整体性能和质量有极其重要的意义和影响。传统的火箭电气产品的研制，首先要构思概念模型，进行方案设计，经过详细的分析计算，确定产品的主要参数，其次再进行结构（器件、电路）设计，形成产品图纸，按图纸生产样品，最后做性能试验，发现问题再修改参数和样品，重新试验，经多次反复，最后定型生产。这一过程不可避免地会存在开发测试周期长、成本高等问题。而且传统一代的运载火箭是在设计时并没有考虑民用的可能性。

新一代运载火箭突破了传统的发展思路所带来的限制，设计之初明确了民用、商用的目标，并将可靠性、安全性、经济性作为主要设计原则。因此，新一代运载火箭对电气系统的设计提出了更高的要求，不仅要求电气系统工作可靠、结构简单、价格低廉、性能先进、适应性强、使用方便，而且要求电气系统朝着箭上电气信息一体化、全箭供配电一体化和测控一体化的方向发展。这需要大量采用先进的智能化、自动化技术进行总体优化设计和仿真验证，以提高系统可靠性和简化操作，进一步满足商业发射的需求。

开展电气综合系统仿真、供配电系统仿真、电缆网仿真等电气数字样机仿真工作，正是适应运载火箭电气设计一体化的需求，通过基于数字样机的电气系统设计仿真一体化技术来实现对电气系统设计方案的有效验证，进一步提高保证运载火箭电气系统设计质量的能力。

5.2.1　电气综合系统仿真

电气综合系统仿真，主要是根据电气综合系统总体方案，进行总体设计要素分解，并根据使用需求，对测控流程匹配、人机界面、信息流、通信协议、冗余切换、统一化规定等进行仿真验证和优化设计。具体是在电气综合系统仿真平台下，根据电气系统总体架构及信息流方案，开展信息流仿真验证，验证接口控制文件是否满足配置要求，并对信息流故障进行充分模拟验证以保证系统的安全性。电气综合系统仿真流程（见图5－29）如下。

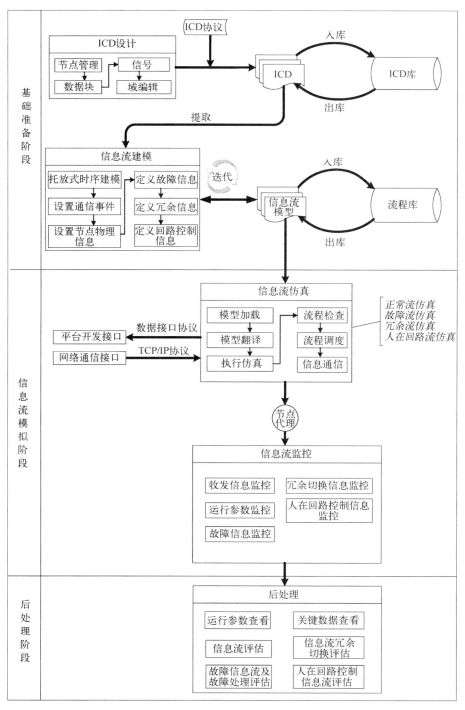

图 5 － 29　电气综合系统仿真流程

1) 基础准备阶段。电气综合系统仿真基础数据来源于现场配置的接口控制文件（ICD）。在仿真前，需要先按照 ICD 协议要求，进行 ICD 设计，完成各逻辑节点间的接口通信信息（数据块、信号、数据包等），设计完成后将设计结果保存入 ICD 数据库中，进行维护和调用、复用等；然后基于 ICD 设计结果进行信息流模型的建模，定义各逻辑节点到物理节点的映射关系，定义正常信息流、故障信息流、冗余信息流、人在回路信息流等。

2) 信息流模拟阶段。完成信息流建模后，将模型转换成可进行时序调度的中间模型文件，继而进行信息流流程调度、流程检查、流程监控和通信等，在以太网环境进行信息流的模拟，包括正常流模拟、故障流模拟、人在回路流模拟、冗余流模拟；在仿真过程中，各功能节点间通过节点代理进行通信和参数记录，通信信息、状态、参数等会上报于综合控制单元，综合控制单元接收后，进而转发给显示单元进行监控显示，信息监控包括收发信息监控、运行参数监控、故障信息监控、冗余切换信息监控、人在回路控制信息监控等。

3) 后处理阶段。在完成信息流仿真模拟后，对仿真过程中监控记录的数据（运行参数、关键数据）进行分析，对整个系统的信息流模拟仿真情况进行合理的评估，包括信息流评估、信息流冗余切换评估、故障信息流及故障处理评估、人在回路控制信息流评估等。

5.2.2　供配电系统仿真

供配电系统是运载火箭上电能产生、变换、输送与分配部分的总称，包含从电源到用电设备输入端的全部。供配电系统负责向箭上的所有用电设备提供电能。箭上电子设备日益增多，用电量不断增加，相应的供配电系统的结构和控制越来越复杂，供配电系统的浪涌、尖峰等瞬态变化过程，会引起箭上电子系统产生误动作甚至于危险的操做，或对设备性能产生不利的影响。因此，需要开展供配电系统仿真工作，通过不同负载条件下的仿真及实验分析，准确给出各种工况下的供电能力和安全供电裕度；通过分析电气系统在小干扰和大干扰下的动态过程，暴露系统当中存在的弱点及影响系统安全稳定运行的薄弱环节，给出供配电系统和箭上负载的更改建议。供配电系统仿真对提升电气系统优化设计水平、提高负载能力、抑制电压及功率波动、预测和校正危险工况、提高系统安全可靠运行水平都具有重要意义。

供配电系统仿真包括功率流仿真、浪涌仿真、供电保护仿真等内容。

1) 功率流仿真，通过检测相关线路的电流和电压值来实现。仿真时，根据实时计算的线路的功率值大小（电功率 = 电压 × 电流），通过设置颜色深度来反映功率流的大小；通过功率值的符号来反映功率流的方向，清晰地反映电气系统工作过程中功率的流向。正数表示流入设备节点，负数表示流出设备节点。功率流仿真分析如图 5 - 30 所示。

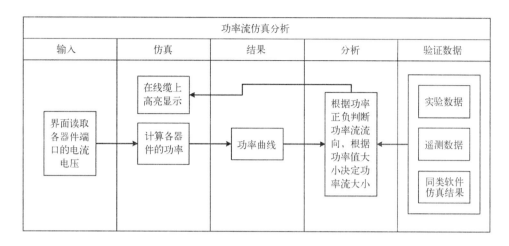

图 5 - 30　功率流仿真分析

2）浪涌仿真，通过观测母线上电流或电压产生突然波动时波动的幅值来实现。人为地加入或断开一路或多路负载，检测母线的电流或电压，观测其变化情况，了解负载接入或断开电路对母线的影响。浪涌仿真分析如图 5 - 31 所示。

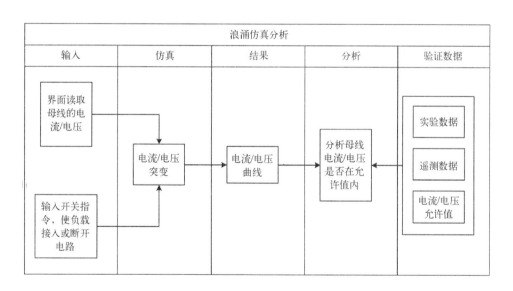

图 5 - 31　浪涌仿真分析

3）供电保护仿真，通过观测各个保护电路是否达到了保护作用来实现。对于过载保护电路，主要是仿真验证其是否使得被保护电路的电流或电压稳定在其额定值以内；对于浪涌保护电路，主要是仿真验证其是否使得母线或其他主线的电流或电压波动幅值稳定在允许范围之内。供电保护仿真分析如图 5 - 32 所示。

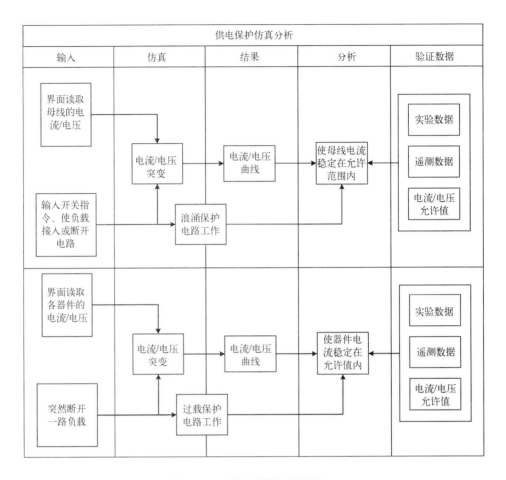

图 5 – 32　供电保护仿真分析

5.2.3　电缆网仿真

通常电缆网设计质量需要等生产完再进行综合、匹配试验等实物试验来保证，传统设计过程中没有应用仿真工具进行验证，造成部分设计问题在生产后才暴露出来，导致型号研制反复，研制成本增加。作为系统级电气样机的关键部分，完成接线图、接线关系、信号属性等基础设计，可以为电路仿真试验提供条件。

图 5 – 33 所示为具备仿真能力的电气样机设计流程，应在接线图设计阶段开展。通常包括潜通路分析、失效模式与影响分析(FMFA)和直流压降分析等。

（1）潜通路分析

潜通路是指系统或设备中存在的异常电路通路。作为引起电子装备故障的重要原因，它是一种没有识别的固有电路状态，主要来源于系统内部在受到某些激励后产生的响应，其直接后果是触发了电路不期望存在的功能或使需要的功能受到意外的抑制，并不同程度地传递着某种能量流、信息流或控制信号流。

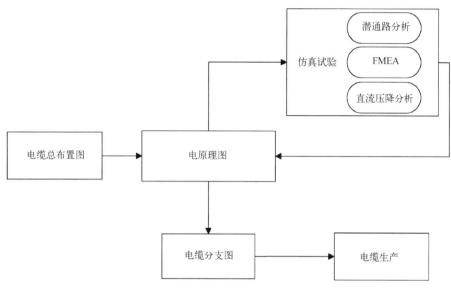

图 5 - 33　具备仿真能力的电气样机设计流程

引发潜通路的原因有很多，如意料不到的系统时序误差、参数漂移、外界随机干扰、电缆阻值变化、某种形式的接地不良、硬件、软件、操作动作等。出现具有突发性，常规检查不易查出，随系统复杂性增加，潜通路成指数级增长。

进行潜通路分析前，可以在图纸上表示出所期望的电路行为，并且将该期望的电路行为存储为该项目的仿真库的一部分，以便后续修改。一旦获得了所有正确的电路行为后，软件便可以对所有的开关动作进行成千上万次的可能的排序组合，并且逐一对这些组合进行分析比较，如果其中任何一种组合能够出现与期望电路行为不符合的结果，则被报告为可疑行为，供设计人员判断，省去了逐一分析的过程，极大地节约了时间和人力。并且一旦将来电路有更改，只需要重新执行一次分析即可。潜通路分析页面如图 5 - 34 所示。

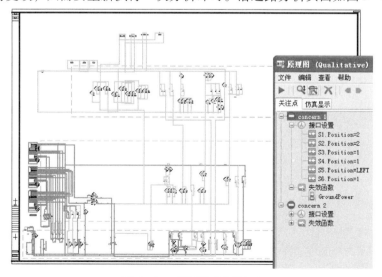

图 5 - 34　潜通路分析页面

（2）失效模式与影响分析

失效模式与影响分析是在可靠性工程中已经广泛应用的分析技术，国外已经将这些技术成功地应用于解决各种质量问题。设计师在设计电路的过程中需要分析系统中每一个设备所有可能产生的失效模式，以及其对整个系统造成的所有可能的影响。

通过仿真工具进行失效模式与影响分析后可在电路图设计中反映出设备损坏对电路设计的影响，如图 5 - 35 中继电器失效造成整个设备没有正常工作。同时可出具失效模式与影响分析报告，如图 5 - 36 所示，画圈部分向设计师提示了当前设计所出现的故障及其影响。

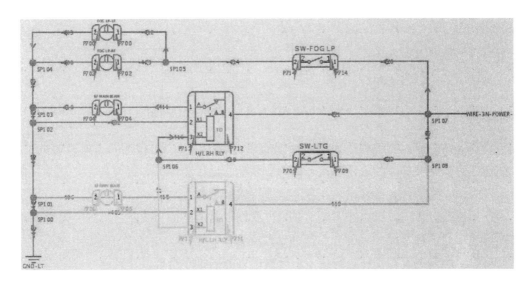

图 5 - 35　继电器失效

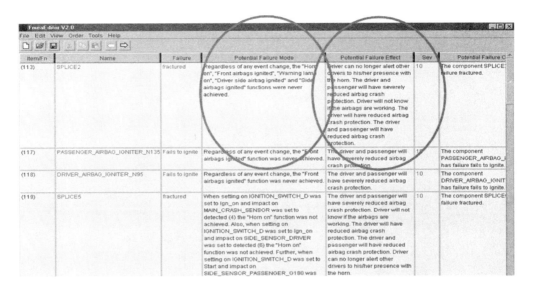

图 5 - 36　失效模式与影响分析报告

（3）直流压降分析

集成电路中的所有器件都是通过电源网络得到其所需的供电电压，由于线缆较长及电阻的存在，电流流经电源网络时会带来压降。压降会降低器件的开关速度和噪声容限，甚至会造成逻辑错误。随着超大规模集成电路集成度和工作频率的不断提高，压降分析变得越来越重要。所以，在电路版图设计过程中就开展压降分析，可尽早优化线路设计及布局，对提高设计质量和效率非常有意义，如图 5 – 37 所示。

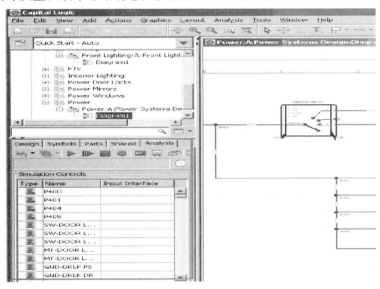

图 5 – 37　直流压降分析页面

图 5 – 38 中显示了电流的方向，线缆的长度、线径、电流大小、电压等信息。设计师可根据这些信息，对直流压降进行分析。

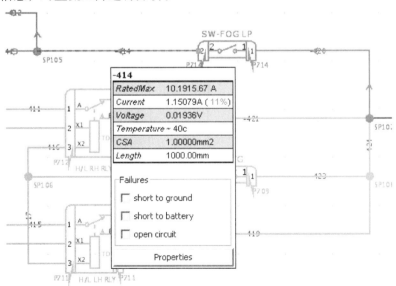

图 5 – 38　分析结果

5.2.4　电气系统半实物仿真

电气系统包含的单机设备多，齐套周期长，传统的电气试验往往要等到齐套后才能开展。利用电气系统半实物仿真手段，可在电气系统方案设计完成后，尽早开展电气系统接口匹配、性能分析、故障模拟等集成验证过程，为大型地面试验提供预示，并对电气单机设备形成预验收环境。随着型号研制的推进，不断用单机产品去替换半实物仿真系统中的仿真模型，使电气半实物仿真系统不断接近产品齐套状态，直到产品齐套后，仿真系统可直接转换为真实的电气地面试验系统。

电气系统半实物仿真要求仿真系统平台具备强大的半实物仿真拓展能力，以及具备功率级半实物仿真试验能力。在电气综合系统和供配电系统建模仿真基础上，将各系统或单机设备使用真实实物设备或模拟器进行替代，并搭配功放、电源、电子负载等功率设备进行功率级半实物仿真测试试验。这样做的目的在于：

1）使用实物设备或模拟器替代模型，从而使系统仿真信号及功率能量值更加真实地逼近实际工作状态，弥补全数字仿真在动态特性建模方面的弱点及部分设备真实特性建模困难的缺点；

2）将具有高置信度的系统模型作为外围辅助工具，对各个单机设备进行功能、性能测试，同时也可以对各个单机设备上的软件进行模型到软件实现的测试，从而通过试验手段保证最终单机软硬件产品的接口协调性、软件实现正确性，以及硬件功能性能满足要求。电气系统数字化设计与仿真和半实物仿真的逻辑关系如图 5 - 39 所示。

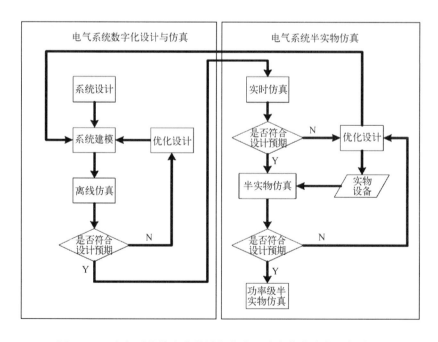

图 5 - 39　电气系统数字化设计与仿真和半实物仿真的逻辑关系

电气系统半实物仿真系统由人机交互系统、实时仿真系统、模拟单元系统构成，具体为：

1）人机交互系统执行电气系统半实物仿真试验的主控。主控软件及试验监视软件按试验要求定制，在中央主控计算机上运行，其具备好的人机交互界面，试验操作人员通过主控软件可以简单直观地对整个试验过程进行管理，软件包括参试设备管理、点名，试验项目设置，试验参数设置，试验流程管理等基本功能。试验监视软件可实时对试验系统产生的试验参数进行图形化显示，并具备对后期海量试验数据的管理功能，可离线对试验数据进行分析、数据采集和可视化显示。电气系统半实物仿真人机交互界面如图 5 – 40 所示。

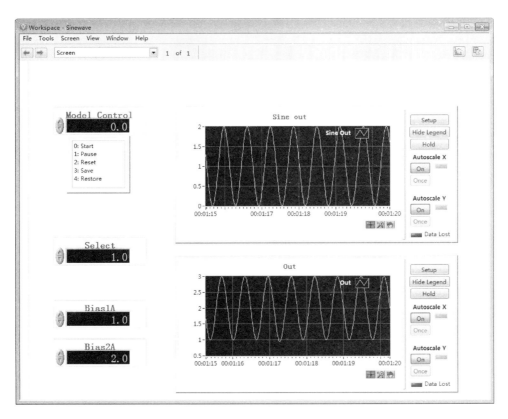

图 5 – 40　电气系统半实物仿真人机交互界面

2）实时仿真系统使用高性能实时仿真机及 I/O 扩展设备，运行实时操作系统，使用实时仿真管理软件对设计师设计开发的模型进行自动实时化代码转化与编译，使电气仿真模型进行高精度、高实时性的仿真运行，同时通过各 I/O 板卡与外部设备或实际硬件设备进行信息交换，从而形成闭环的仿真系统，各实时仿真机及 I/O 扩展机之间通过 PCIe 高速数据总线进行信号交互，保证系统高带宽性能，进而保证系统实时性要求。

实时仿真系统的构成如图 5 –41 所示。

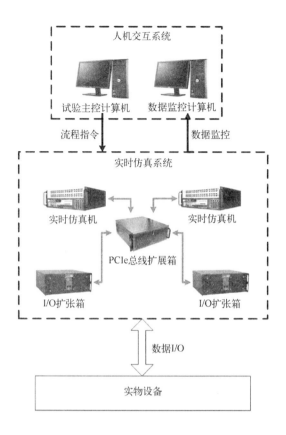

图 5 - 41　实时仿真系统的构成

3) 模拟单元系统用于替代并模拟尚未齐套的单机产品电气特性, 主要包括具备四象限线性功放且具有极低的谐波失真、极低的内阻、极高的负载能力等特性的高精度功率放大设备, 用于为系统的设备和传感器提供适当的电源的可编程电源模拟器, 用于对所有实时仿真设备进行通断电控制的电源控制箱等, 如图 5 - 42 所示。

图 5 - 42　电气系统半实物仿真模拟单元

5.3　飞行综合性能数字样机仿真

5.3.1　飞行综合性能数字样机构建

运载火箭飞行综合性能数字样机是指在运载火箭总体层面建立的能够描述运载火箭飞行综合性能的数字化模型，一般包括运动学、动力学、导航、制导、环境等各学科的数学算法模型及数值仿真模型等。

围绕运载火箭的研制、生产和使用的全部过程，飞行综合性能数字样机仿真在方案论证、技术指标确定、设计分析、生产制造、试验测试、维护训练和故障处理等各个阶段发挥着重要作用，对运载火箭的飞行性能、技术指标和综合效能进行评估，实现多维度、全系统、全剖面、全流程的飞行过程模拟，并通过偏差状态组合、故障模式注入仿真、多物理场耦合仿真等，全面校验设计的合理性，挖掘系统存在的潜在风险，实现综合效能评估等，具有成本低、见效快、安全可靠和可重复利用等显著优势。

5.3.1.1　构建方法

依据火箭的几何数字样机模型、各专业模型算法和多物理场飞行环境，可以建立起相关的飞行性能数字样机模型，主要包括专业模型库和专业算法库两部分，如图 5 - 43 所示。

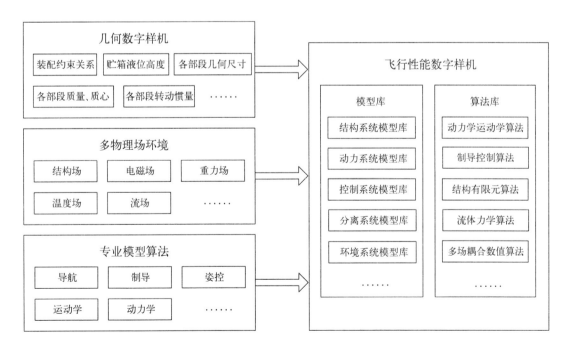

图 5 - 43　飞行性能数字样机构建方法

运载火箭飞行性能数字样机构建的主要依据如下：

（1）几何数字样机

几何数字样机主要包括火箭各部段或分站点的质量、质心和转动惯量等信息，各部段的几何尺寸信息，关键部件的安装位置信息，各部段之间的装配约束关系，贮箱内剩余燃料质量与液位高的关系等。

（2）多物理场环境

多物理场环境主要包括结构场、电场、磁场、重力场、温度场、流场等在火箭飞行过程中对火箭飞行性能产生影响的外界环境，各物理场之间的耦合变量关系如图 5－44 所示。

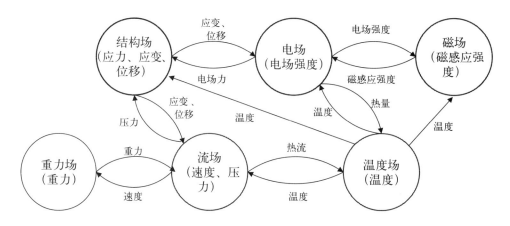

图 5－44　典型的物理场及不同场之间耦合变量关系

（3）专业模型算法

专业模型算法主要包括箭上的导航制导控制算法和运动学动力学算法（包括牛顿第二定律、多体动力学等），以及结构有限元算法、流体力学算法和多物理场耦合仿真数值算法等。

运载火箭飞行性能数字样机模型库由箭体结构系统、动力系统、控制系统、分离系统和环境系统等主要系统模型库构成。各模型库的主要结构如下：

①结构系统模型库

结构系统模型库中包括壳段、贮箱、包带、弹翼、上下支撑等结构件单机模型。

②动力系统模型库

动力系统模型库包括多种阀门、气瓶、管路、压力传感器等增压输送子系统单机模型，以及液体火箭发动机的单机模型。

③控制系统模型库

控制系统模型库包括陀螺、加速度计、控制器、箭载计算机、总线及多种敏感器单机模型。

④分离系统模型库

分离系统模型库中包括解锁、起爆、分离弹簧、分离火箭等分离装置的单机模型。

⑤环境系统模型库

环境系统模型库主要包括大气、地球等模型，研究火箭飞行过程中产生的气动力、弹性、载荷、电磁干扰和温度变化对火箭飞行状态的影响。

5.3.1.2　构建流程

飞行性能数字样机的构建流程如图 5 - 45 所示。

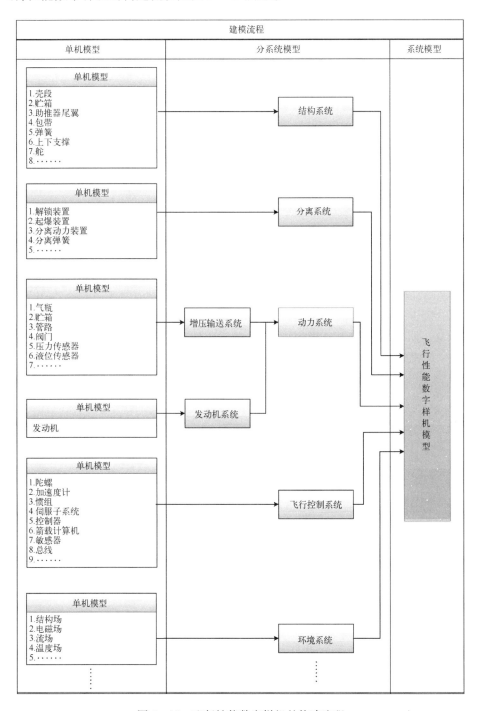

图 5 - 45　飞行性能数字样机的构建流程

建立运载火箭总体性能数字样机模型的过程，可分为单机级模型构建、分系统级模型构建、全系统级模型构建三个环节。

（1）单机级模型构建方法

单机级模型是飞行性能数字样机模型的最小粒度，需要按照单机运行原理建立单机级性能数字样机模型。

第一步，确定单机模型的理论知识和作用边界条件；

第二步，根据单机的参数输入和工况要求，对单机模型可编辑参数进行规划；

第三步，基于前两步的工作，进行单机建模，主要包括：模型接口的定义、模型图标的绘制、外部环境的定义、参数和变量的定义及数学方程定义等；

第四步，结合实验数据进行单机模型验证和标定。

（2）分系统级模型构建方法

分系统模型是单机模型的组合与集成，分系统模型构建的关键内容包括模型接口定义和模型拓扑关系定义。

①模型接口

单机与单机之间，单机与分系统之间，分系统与分系统之间的模型接口可分为如下几类：动力学接口负责传递位姿矩阵、力和力矩等参数；控制指令接口负责输出控制信号；传感器接口负责输出传感器采样的参数；流体接口负责传递质量流、压力及工质物性参数。

②根据拓扑关系建立系统模型库

系统功能样机模型则在单机基础上，按照原理图给出的单机间拓扑关系进行搭建。

（3）全系统级模型构建方法

用结构系统模型库、分离系统模型库、动力系统模型库、控制系统模型库和环境系统模型库提供的分系统模型，按照全箭系统的物理拓扑结构，搭建系统级全箭模型。模型包含了助推器、芯一级、芯二级、整流罩和有效载荷等主要部段，各单机按照所属部段位置分别封装在不同部段模型中，每个部段内亦形成一个包含控制系统、动力系统、结构系统、分离装置和传感装置的小型环境，最外层模型加载结构场、电场、磁场、重力场、温度场、流场等对火箭飞行性能产生影响的外界复杂物理场环境，通过多物理场耦合仿真的方式真实模拟火箭飞行过程中外界物理场环境的变化。

5.3.2　飞行综合性能样机仿真试验

5.3.2.1　仿真目标与内容

飞行综合性能样机仿真能够辅助设计师进行精细化设计和综合系统验证，主要包括：

1）在运载火箭总体设计过程中，各专业设计参数庞杂，且设计参数之间具有较为复杂的互相制约关系，为权衡各类设计参数带来较大困难，运载火箭飞行综合性能样机仿真将火箭各设计专业进行统一集成，支持各专业设计参数的灵活配置和协同仿真计算，快速获得各类设计参数的影响关系，实现基于仿真的精细化设计。

2）为对运载火箭各分系统进行充分的检验考核，需最大程度地模拟火箭的真实飞行条件和工况，而地面试验的试验条件和试验工况存在着较大的局限性，导致相关分系统的检验难度较大，运载火箭飞行综合性能样机仿真可以通过精细化的多专业联合仿真对相关分系统进行高逼真度的飞行工况考核，降低飞行试验风险。

3）由于飞行试验数量的有限性，很难对设计参数进行全面的飞行试验考核，系统设计中存在的一些边缘性和临界问题难于发现，从以往历次飞行试验故障情况来看，也说明了这一点，采用高逼真度的飞行综合性能样机仿真模型进行仿真试验，可以提早暴露和发现火箭系统存在的各类问题。

4）火箭在靶场进行综合测试过程中，可能会出现一些意外的偏差和故障情况，将这些偏差和故障导入运载火箭飞行综合性能样机仿真过程中，可以预示偏差或故障对火箭真实飞行的影响，为制定故障解决预案提供数据支撑，为型号领导提供决策依据，以降低决策风险。

5.3.2.2　仿真试验工作流程

飞行综合性能样机仿真试验工作流程的制定，保证了仿真试验工作的完整性、规范性、有效性和可追溯性，有效加强了仿真试验工作的过程质量控制。

在仿真试验工作中，需要由仿真试验总体设计师、仿真试验设计师、各专业模型设计师和试验工程员组成团队，共同完成仿真试验。仿真试验共分为四个阶段，由试验准备阶段、试验设计阶段、试验运行阶段和试验分析阶段组成，如图 5-46 所示。

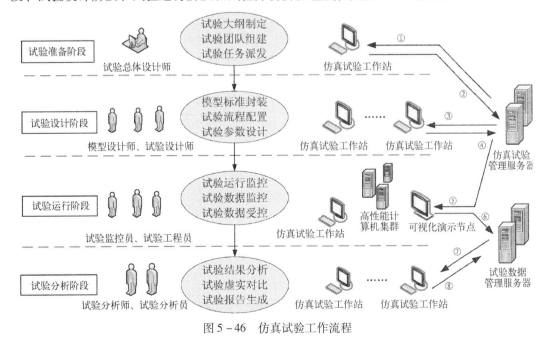

图 5-46　仿真试验工作流程

1）试验准备阶段：仿真试验总体设计师负责发布仿真试验总体试验大纲，包括试验目的、试验方案、试验参数和试验内容等；组建仿真试验团队，分解总体试验大纲进行任务派发，向各专业模型设计师、仿真试验设计师等各类人员发送试验任务书，最后将各类试验信息进行入库管理。

2）试验设计阶段：仿真试验模型设计师根据仿真试验模型设计任务书，实现流体、结构、控制等专业模型软件的开发和模型标准化封装，进行入库受控管理，然后由仿真试验设计师按照仿真试验设计任务书，对各专业标准化模型进行资源配置、流程配置和参数设计，待试验设计完毕对项目进行受控管理。

3）试验运行阶段：仿真试验总工程师负责组织分配好各类试验人员和试验软硬件资源，从试验管理系统下载对应的项目，启动仿真试验总控节点，进行模型分发、开展多专业节点协同计算的仿真试验，在此阶段进行数据监控、状态监控及实时可视化分析。待试验结束后将过程数据传至试验数据管理系统。

4）试验分析阶段：仿真试验分析员负责从试验数据管理系统下载实物试验数据和仿真试验相关专业数据，进行数据综合分析和 VV&A 工作，生成试验报告。

5.3.2.3　仿真试验方法

（1）偏差仿真

运载火箭飞行过程的工况、偏差分析非常复杂，很多临界参数的组合情况会对火箭的飞行产生不可预测的后果，对这些影响火箭正常功能的模式如何进行预示和判断是运载火箭研制过程中需要重点解决的问题。在目前运载火箭飞行子样有限的条件下，不可能所有的工况和偏差都在飞行试验中进行考核，即使飞行试验能够考核，成本也是巨大的。因此需要开展飞行综合性能样机仿真试验，在实验室环境下模拟运载火箭的飞行状态，实现对多种初始条件偏差、多种外部环境、火箭状态偏差等情况的飞行仿真预示，尽可能在飞行试验前暴露火箭设计中存在的问题，提前采取措施进行预防，对提高型号飞行试验的可靠性和降低飞行试验风险具有重要意义。

运载火箭的飞行受到多个因素的影响且各因素变化非常频繁，利用良好的试验设计可以极大地减少试验的数量。如果试验安排得合理，试验次数不多，就能得到满意的结果，即安排试验达到小样本全面考核的目的；若试验安排得不合理，试验次数过多，就会浪费大量的人力和物力，有时还会由于时间拖得很长，使试验条件发生变化而导致试验失败。在试验的优化设计过程中要充分考虑设计方案的正交性、稳健性、均匀性、饱和性、旋转性等优良性，使各试验点按一定规律充分均匀地分布在试验范围内，每个试验点都有一定的代表性，整个试验能充分反映运载火箭在整个复合环境中飞行的性能。

目前常用的试验设计方法如下。

①全因子试验设计

全因子试验可以根据系统在某一因子多个水平之间的响应值的不同来判断该因子对系统响应影响的大小；同时根据某一因子某个水平响应值随其他因子的水平变化的趋势，可以分析出两个因子之间存在的相互影响，也就是所谓的交互作用。全因子试验的优点是可以全面地分析单个因子对系统影响的大小及因子间的交互作用，不过当系统的因子数和水平数比较多时，会导致试验次数非常多，导致飞行仿真试验周期过长。

②蒙特卡洛试验设计

蒙特卡洛方法又叫随机模拟方法或统计试验方法。它是通过不断产生随机数序列来模拟过程。它又可分为直接蒙特卡洛方法和间接蒙特卡洛方法。直接蒙特卡洛方法即采用随机数序列直接来模拟复杂随机过程的效应。它是针对求解问题本身就具有概率统计性的情况而使用的一种方法，该方法是按照实际问题所遵循的概率统计规律，用电子计算机进行直接的抽样试验，然后计算其统计参数。间接蒙特卡洛方法是针对求解问题本身不具有概率统计性而求解又复杂的情况而使用的一种方法，该方法是根据求解问题本身构造出一个简单适用的概率模型或随机模型，使问题的解对应于该模型中随机变量的某些特征（如概率、期望、方差等），所构造的模型在主要特征参数方面要与实际问题相一致。根据模型中各个随机变量的分布，在计算机上产生随机数，实现一次模拟过程所需的足够数量的随机数，然后进行计算，求出问题的随机解。由于蒙特卡洛方法是通过产生随机数来实现的，所以计算出的解存在一定的误差，因此若使用蒙特卡洛方法求解问题最好加入误差分析，使解的精度满足问题的需求。

③正交试验设计

正交试验设计是利用正交表来安排与分析多因素试验的一种设计方法。它是在试验因素的全部水平组合中，挑选部分有代表性的水平组合进行试验的，通过对这部分试验结果的分析了解全面试验的情况，找出最优的水平组合。正交试验设计的基本特点是：用部分试验来代替全面试验，通过对部分试验结果的分析，了解全面试验的情况。正因为正交试验是用部分试验来代替全面试验的，它不可能像全面试验那样对各因素效应、交互作用一一分析：当交互作用存在时，有可能出现交互作用的混杂。虽然正交试验设计有上述不足，但它能通过部分试验找到最优水平组合，因而很受实际工作者青睐。

④均匀试验设计

均匀试验设计方法使所有试验点在整个试验范围内均匀散布，是从均匀性角度出发的一种试验设计方法，是数论方法中的"伪蒙特卡洛方法"的一个应用。均匀试验设计采用先进的试验设计方法，让试验点在高维空间内均匀分散，使有限的数据有广泛的代表性，因此可大幅度减少试验次数。与现在广泛采用的正交试验设计"均匀分散和整齐可比"的特点相比，均匀试验设计中只考虑试验点的均匀分散，即让试验点均衡地分布在试验范围内，使每个试验点有充分的代表性。这样，均匀设计的试验点比正交设计的试验点分布得更加均匀，更具有代表性；而且采用均匀设计法，每个因素的每个水平只做一次试验，当水平数增加时，试验数随着水平数增加而正比例增加。因此，对于较多水平的多因素试验、试验费用昂贵或实际条件要求尽量少做试验、筛选因素或搜索试验范围进行逐步寻优的问题、复杂数学试验的寻优计算等，均匀设计都是值得选择和十分有效的试验方法。

⑤拉丁超立方试验设计

拉丁超立方设计是一种充满空间设计，使输入组合相对均匀地填满整个试验区间。其基本特点是：首先，拉丁超立方试验设计的试验次数是可以人为控制的，甚至可以出现试验次数小于因素数的情况；其次，拉丁超立方试验设计的均匀性更好，不存在像正交试验那样出现试验点堆积问题，即试验点组合没有布满整个空间，所得模型也将不能代表整个参数变化区域；再次，拉丁超立方试验设计不像正交和均匀试验设计那样有一套自己的试验表格，必须严格按照表格安排试验，拉丁超立方试验设计并不依赖现成的试验表格，因此试验设计更加灵活可控。

（2）故障仿真

为保证型号的高可靠性和安全性，非常有必要对火箭发射和飞行过程中可能存在的故障进行研究，及早发现故障隐患，改进设计，并对设计裕度与故障容忍度给出定量评估。然而，由于运载火箭系统的高度复杂性，其故障模式也是非常复杂的，如果针对故障进行物理试验，要受到设备、经费、危险性等诸多限制，且有些故障是无法物理模拟再现的或是不允许试验的。基于飞行综合性能样机仿真，开展飞行故障仿真试验，不仅经济方便，而且可以模拟各种可能的故障，暴露和发现全箭系统可能存在的薄弱环节和潜在故障，为检验设计裕度与系统容错性、改进设计方案、飞行试验预示和故障归零等提供技术支撑。

火箭系统是一个复杂的综合系统，由多个分系统组成，由于各分系统自身所具备的不同特点，其故障模式也必将表现出特殊性。因此运载火箭的故障模式研究基于分系统进行，通过分系统故障模式的发生情况，分析对运载火箭总体飞行性能的影响。

在世界进行的月球探测过程中，由于运载火箭故障导致月球探测任务失败的次数为34次，其中动力系统故障有23次，占67.6%；控制系统故障有6次，占17.6%；分离系统故障有3次，占9%；其他故障有2次，占5.8%。国内在型号中发生过的故障模式也多集中于这三个系统。因此，运载火箭的故障模式研究，应着重考虑动力系统、控制系统和分离系统的故障模式对运载火箭性能的影响。

①动力系统故障模式

动力系统是运载火箭的动力源，也是运载火箭故障率最高的系统之一。动力系统由火箭发动机和增压输送系统组成，各部分发生故障的形式和原因多种多样。为便于进行故障仿真，对动力系统进行详细的故障模式及影响分析，并特别着眼于故障对全箭的影响。动力系统故障模式主要包括以下几类：

1）发动机误点火；

2）发动机点不着；

3）发动机未按时点火；

4）发动机提前关机；

5）发动机关机关不死；

6）发动机未按时关机；

7）发动机推力下降；

8）发动机推力异常。

②控制系统故障模式

运载火箭控制系统是一个复杂的综合系统，由一系列完成特定功能的单机组成，如平台、惯组、综合放大器、箭上计算机、伺服机构等。针对控制系统进行运载火箭故障仿真，能够及时分析故障对飞行仿真的性能影响，能够在设计或飞行试验前采取必要措施，提高和完善控制系统功能，以保证发射的成功率。控制系统的故障主要包括以下几类：

1）敏感器件故障；

2）控制器故障；

3）执行机构故障。

③分离系统故障模式

运载火箭分离系统是一个非常关键的系统，火箭飞行中的分离是在动态复杂的环境下进行的，具有速度高、加速度变化剧烈、干扰因素多、运动状态复杂等特点，分离系统影响火箭飞行时序，是影响火箭成败的关键系统，针对分离系统进行故障仿真，能够分析和评估分离系统对整个飞行过程的影响，以采取必要的措施保障火箭飞行的安全性。分离系统的故障主要包括以下几类：

1）助推器分离故障；

2）级间分离故障；

3）整流罩分离故障；

4）星箭分离故障等。

（3）多物理场耦合仿真

对于复杂多物理场耦合现象，单一的流场、结构场和温度场等仿真分析方法已经不能反映现象的本质，更无法实现对运载火箭总体综合性能的有效分析，不能满足先进运载火箭研制发展需求。面向当前和未来运载火箭的工程研制，多场现象和问题有可能成为工程研制的瓶颈环节，因此需要给予充分重视。而随着复杂工程技术的研究需求牵引、计算科学理论的研究突破，以及计算机硬件的飞速发展，多物理场耦合仿真逐步应用到复杂的工程系统分析上。同样对于运载火箭复杂工程研制领域，多物理场耦合仿真作为设计和试验手段之外的重要补充手段，将在研究复杂物理过程机理和实现关键技术突破方面发挥重要作用，相关研究具有广阔的应用前景和价值。

各类多物理场耦合仿真方法的具体内容如下：

①流体、结构耦合仿真方法

气弹流固耦合专业主要基于多物理场耦合仿真平台，利用 Fluent 软件、Abaqus 软件及自研流体与结构仿真分析程序，完成流固耦合建模与仿真，在此基础上完成模型接口开发、测试与集成工作。流固耦合仿真工作包括流场建模与仿真分析、结构场建模与仿真分析、耦合仿真求解、耦合仿真过程监控及耦合仿真结果分析。流体、结构耦合仿真工作流程如图 5 - 47 所示。

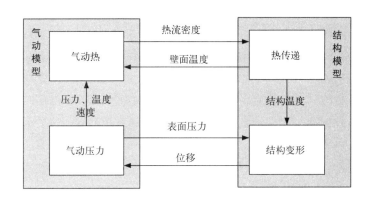

图 5 - 47 流体、结构耦合仿真工作流程

②气动、控制耦合仿真方法

运载火箭气动、控制耦合仿真基于计算流体力学软件，耦合控制系统模型、刚体动力学模型，开展耦合仿真工作。将气动、控制耦合仿真结果与传统的弹道仿真结果作对比，对比验证特殊飞行段飞行特性。复杂飞行阶段存在高度非线性现象，需要开展气动、控制的耦合仿真工作，其工作内容包含以下几个方面：

1)仿真建模工作：按照运载火箭的气动外形考虑运动部件建立气动数值计算模型，同时按照部件运动规律建立控制系统模型，将控制系统模型加载到气动模型中。

2)仿真计算工作：首先，针对运载火箭初始飞行状态开展稳态流场仿真计算，获得收敛的仿真结果，在此基础上开启非定常仿真计算，并耦合控制模型驱动执行机构运动，在此过程中实时获得气动特性，并用于运载火箭动力学仿真计算。

3)仿真结果分析工作：读取仿真求解数据，生成后处理云图，输出关键点的参数，包括气动力、姿态角等。将气动、控制耦合仿真结果与传统的弹道仿真结果作对比，对比验证特殊飞行段飞行特性。气动、控制耦合仿真工作流程如图 5 - 48 所示。

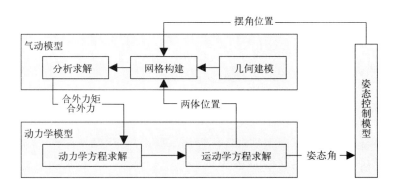

图 5 - 48 气动、控制耦合仿真工作流程

③刚柔耦合动力学仿真方法

运载火箭冷分离的刚柔耦合动力学仿真验证工作的主要方法为有限元显式分析法，应

能够满足有限元前处理的要求，依照运载火箭结构强度有限元分析方法，对结构进行简化处理及有限元网格划分。

1）几何模型简化：开展运载火箭冷分离的刚柔耦合动力学仿真验证工作，首先应对火箭几何模型进行简化。根据结构设计要求对结构形式进行分析，进而对结构进行简化处理。

2）刚柔耦合模型建模及求解分析：对简化后的结构模型进行局部柔性化建模，将结构模型划分为刚性部件和柔性部件。对刚性部件，完成质心、质量、转动惯量的定义。对柔性部件，完成有限元网格划分、材料力学性能定义、质量配平。完成分析步、输出变量、约束、接触关系、载荷条件的定义，并完成求解分析。

3）结果后处理及比对分析：读取仿真求解数据，生成后处理云图，输出关键点的运动特征参数，包括位移曲线、运动速度曲线、运动角速度曲线等。分析分离过程中分离体的姿态变化情况、最小分离间隙情况。对比实物试验结果或刚体仿真结果，分析模型正确性，并给出刚柔耦合仿真验证结果。刚柔耦合动力学仿真流程如图 5 - 49 所示。

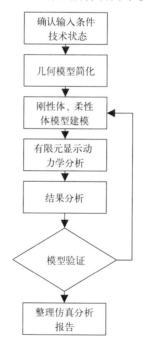

图 5 - 49　刚柔耦合动力学仿真流程

④姿控、多体动力学耦合仿真方法

运载火箭星箭分离主要涉及姿控和多体两个专业，姿态控制专业主要应用工程算法的方法开展工作，利用 C 或 Matlab 等软件或工具完成动力学、运动学及控制算法的建模与仿真，在此基础上完成模型接口开发、测试与集成工作；多体动力学专业主要应用计算多体动力学原理，选用 Adams 等软件完成刚体建模、约束与驱动建模等工作，在此基础上完成模型接口开发、测试与集成工作。其工作内容包含以下几个方面：

1）根据耦合仿真方案，首先完成多体动力学、姿态控制专业仿真建模；

2）开展模型封装集成工作，将专业模型封装成标准化组件；

3）基于虚拟试验平台，开展多专业模型的耦合配置工作；

4）开展耦合仿真工作，并输出试验结果；

5）制定试验总结报告，与型号分离专业确认，如遇问题，返回第一步重新开始复查，完成建模与仿真工作，直至全部完善为止。姿控、多体动力学耦合仿真流程如图5–50所示。

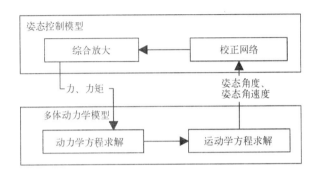

图5–50　姿控、多体动力学耦合仿真流程

5.3.3　飞行综合性能样机仿真效果

飞行综合性能样机仿真技术在运载火箭的研制全生命周期中都发挥着重要的作用，通过加入多种偏差和故障模式开展多专业多物理场耦合的精细化仿真试验，验证总体设计方案，考察火箭的飞行综合性能和多专业耦合的故障传播特性，确保各类故障模式/偏差的综合因素不影响飞行成功，辨识可能导致发射失利的综合性故障，为制定有效控制措施提供支持。具体的应用效果如下。

（1）在运载火箭设计全生命周期对设计工作进行优化并提供便利手段

在确定技术指标阶段，可通过仿真试验，研究概念运载火箭的技术指标，评价火箭的性能；在可行性论证阶段，可以研究运载火箭系统技术指标的合理性和可行性，对特定指标建立模型并进行仿真，根据仿真结果验证指标的可行性；在方案论证阶段，可通过仿真比较选定系统方案，并确定对分系统的主要参数要求，包括技术论证、概念确认、资源选择等；在工程设计阶段，可通过多专业联合仿真理解系统、摸清系统性能和辅助设计等；在应用发射阶段，可通过仿真试验，对运载火箭系统性能做评估，包括飞行前飞行性能预测、飞行试验后结果分析、故障原因分析、数学模型修正、参数的修改等；结合火箭不同故障模式还可以进行故障仿真，通过仿真确定系统参数设计的合理性，制定故障判别门限和判别准则。飞行综合性能仿真试验效果图如图5–51所示。

（2）预测运载火箭系统试验结果，降低风险，提高试验的科学性

运载火箭系统的研制需做大量的试验，通过仿真试验可以提高实际试验与鉴定的科学性。在试验前，通过仿真试验制定实物试验和飞行试验方案，演练发射及飞行过程，收集

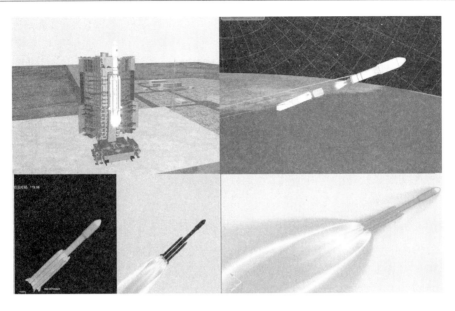

图 5 - 51　飞行综合性能仿真试验效果图

大量仿真试验数据及预测试验结果,从而减少试验的不确定性,完善系统方案可行性论证和方案设计,降低风险;在试验后,利用仿真试验数据与真实试验数据进行对比分析,一方面查找试验过程存在的问题,另一方面利用试验数据改进仿真系统,更好地指导下一次试验的开展。

例如,针对 CZ - 7 运载火箭型号各关键部段分离过程开展仿真与分析,如图 5 - 52 所示,通过各种偏差和故障工况考察助推器分离的安全性,综合考虑反弹碰撞、羽流影响、液体晃动影响等,对分离过程开展精细化仿真,验证分离方案设计的正确性与合理性,有效降低了飞行风险。

图 5 - 52　分离过程精细化仿真试验

(3)辅助运载火箭飞行试验方案的制定,提高试验质量

在型号实际飞行试验中,通过飞行性能数字样机仿真可以实现对飞行试验方案的优化,具体作用如下:一是优化实际飞行试验方案。即在研制型号进入实际飞行试验之前,

尽可能地通过仿真试验发现和解决系统存在的问题，进而在分析系统性能的基础上，合理选择和设置有关的敏感参数，优化实际飞行试验方案，使其既能减少实际试验次数，又能达到预期的试验目的。二是提高实际飞行试验结果的可信度。在试验方案设计和试验结果分析评定中，充分利用实际飞行试验前的仿真试验信息，保障在真实发射场进行的小子样试验的情况下，仍然能够得到满足一定可信度要求的试验结果。三是提高实际飞行试验中对系统故障和问题的分析能力。在实际飞行试验过程中或试验结束后，对于试验中系统出现的故障或试验中发现的技术问题，可进行故障仿真，将实际的测量数据输入到仿真系统中，通过仿真结果来快速分析和查找型号系统的故障原因，以便及时排除系统故障，保障外场试验顺利进行，或对系统存在问题进行改进。

例如，针对 CZ-7 运载火箭的摄像装置开展发射弹道轨迹摄像头视场有效性仿真，如图 5-53 所示主要针对火箭不同的发射窗口，考虑火箭飞行过程中尤其是助推分离时刻太阳光照方向与火箭摄像头视场的夹角，从而分析太阳光照对摄像头视场的影响，辅助火箭发射窗口的制定，提高试验的科学性。

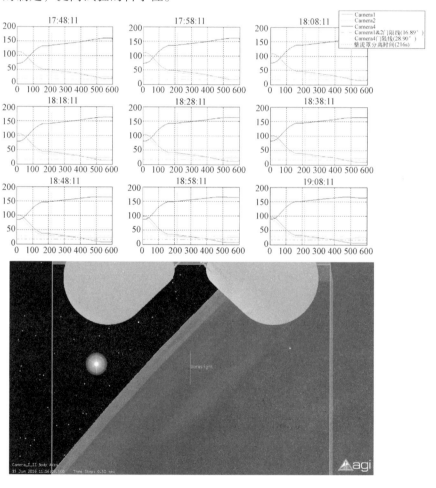

图 5-53　摄像装置视场有效性仿真

第6章　基于数字样机的制造

随着数字化制造技术的飞速发展，数字化和网络化成为制造领域发展的必然趋势。本章将从基于数字样机的工艺设计技术、基于数字样机的三维工艺设计、基于数字样机的可视化总装实现、基于数字样机的3D打印与检测等方面介绍基于数字样机的制造，并介绍当前制造领域最新的热点技术，如3D打印、3D扫描等，在运载火箭中的应用前景。

6.1　基于数字样机的工艺设计技术

工艺设计时，应首先根据EBOM生成PBOM，在此基础上，开展工艺和工装的设计、仿真，生成工艺文件指导生产加工、装配和检验。

（1）知识库建设

目前，工艺人员依据产品设计文件(图纸、技术条件等)开展工艺设计工作，所应用的知识从来源或载体形式分为以下类型：个人经验知识、以工艺规程形式存在的类似产品或具有一定类似结构特征的产品加工工艺方案、以工艺规范形式存在的成熟度相对较高的加工工艺方法、各种技术标准、制度、手册，以及制造资源知识和企业自身长期积累的技术归零、工艺质量分析报告、工艺攻关或试验报告等载体形式存在的知识等。

针对相应知识按来源、使用方式等建立知识库，梳理知识库类型，如表6-1所示。

表6-1　工艺知识库类型

名称	类别	子类	说明	备注
工艺知识库	1 专业工艺设计知识库	1.1 典型工艺实例库	典型产品的加工工艺规程	
		1.2 典型工艺路线实例库	典型产品的加工流转路线(工序链)	
		1.3 典型工序实例库	典型结构单元的加工工艺方法(比如削弱槽加工、去毛刺等)或某一类通用操作的加工工艺方法(比如清洗、防锈、刻字等)	
		1.4 数控加工程序库	典型产品的数控程序	
		1.5 标准工艺语句库	常用描述加工过程等的固定专业术语	
		1.6 工艺参数实例库	某一类典型产品的加工工艺参数，比如××铸件浇注工艺参数、××拼焊的焊接工艺参数	
		1.7 标准工序术语库	常用描述工序的固定专业术语	

续表

名称	类别	子类	说明	备注
工艺知识库	2 专业工艺经验知识库	专家经验知识库	表达有一定的自由度,经验知识分享与交流平台上汇集形成的知识	
	3 工艺资料库	3.1 工艺质量问题库	收集以往发生的工艺质量问题	
		3.2 工艺故障模式库	专业工艺故障模式线索库	
		3.3 工艺设计准则库	工艺设计所应遵循的原则、禁忌等	
		3.4 专业技术标准库	工艺设计应用的各种技术标准	
		3.5 专业手册文献资料库	相关专业技术手册、资料汇编	
	4 工艺资源库	4.1 专用工装资源库	工装基础信息和技术特征信息库	
		4.2 刀具资源库	刀具规格、材质等基础信息库	
		4.3 设备资源库	设备基础信息和技术特征信息库	
		4.4 标准件库	标准件技术信息等	
		4.5 原辅材料信息库	原材料编码、牌号、名称、技术条件、规格等	
		4.6 工作中心库	……	
		4.7 工种信息库	……	
	5 专业仿真知识库	机械加工、钣金等专业仿真知识	……	
	6 工装设计知识库	各类型工装设计知识库	……	

(2)面向工艺设计的知识管理

研究工艺知识运行管理机制,研究发掘工艺专家、技能人员的经验性工艺知识管理办法,通过采取知识分享激励机制,比如根据提供知识重要性、被使用频度、次数及使用评价等获取相应积分,与绩效或职称评定等活动挂钩,鼓励相关人员主动收集知识、贡献知识等。对于不同的工艺设计知识类型(显性工艺设计知识和隐性工艺设计知识),研究工艺设计知识的管理模式,将显性工艺知识更加规范化,对隐性工艺设计经验和知识进行挖掘,初步完成隐性知识显性化的具体实践。

(3)面向工艺设计的知识建模

借助于知识工程的方法,研究如何采用结构化的方法对工艺设计知识进行建模;开展知识工程与精益工艺设计系统的集成策略研究,研究如何将结构化的工艺设计知识与 PPS

系统集成，实现工艺设计知识的有效传递和共享。

（4）基于本体的工艺基本信息管理方法

通过基于本体的方法，对零件信息、特征信息和工步信息进行建模。采用零件分类、零件名称和一系列零件属性（离散类型与连续类型）来描述零件；采用特征分类、特征名称及一系列特征参数来实现特征的细节描述，方便对零件对象的特征定义。并以工步作为工艺设计知识建模的基本单元，使其与典型零件及特征、目标特征参数和相关可用制造资源等建立关联。

工艺知识的分类方式按成组技术的相似性原则进行，以功能相似（产品本身具备的功能、用途相近）、结构形状相似（零件的形状相似和尺寸相似）和材料相似（零件的材料种类、毛坯形式及所需要进行的热处理、表面处理相似）分类等。以铸造专业知识分类为例，分类表如表6-2所示。

表6-2 铸造专业知识分类表

序号	特征分类	指标
1	材料	ZL104、ZL114A、ZL205A
2	形状	柱段、锥段、平板、支架、异型
3	轮廓尺寸	≤500 mm、500~900 mm、900~1 300 mm、1 300~1 600 mm、1 600~2 100 mm、≥2 100 mm
4	铸造方法	潮模砂重力铸造工艺、树脂砂重力铸造工艺、树脂砂低压铸造工艺、金属型铸造工艺、熔模精密铸造工艺
5	零件高度	≤500 mm、500~1 000 mm、1 000~1 800 mm、≥1 800 mm
6	（主体）壁厚	≤15 mm、15~35 mm、35~50 mm、≥50 mm

（5）工艺设计知识建模与检索方法

针对典型零件及特征，建立精益工艺设计知识建模与检索方法，采用特征组成关系来描述典型零件实例的特征，对确定与工步关联的目标特征参数和加工参数的设计知识进行建模。针对通用的工艺设计知识，采用基于规则（Rule - based）的知识表示方法，将通用的工艺设计知识录入到知识库中。基于精益工艺设计知识建模方法，开发典型零件及特征的工艺设计知识库原型系统，来验证提出方法的可行性。

（6）工艺设计知识应用、评价与维护机制

建立工艺知识可靠性评价方法，比如采取专家评分方法、所加工产品历史质量结果统计分析、工艺风险分析等评估其成熟度或可靠性。对入库知识与库中已有知识进行重复性检查（比如根据相似度大于90%等），避免库中知识产生冗余；库中已有知识随着认识提高等发生更改，可根据被引用信息（引用其的工艺规程图号、阶段等）向工艺规程所有人员提示知识更改信息；对库中知识不适宜现有生产方式等，需有更新或删除等管理机制。另外，针对形成的知识制定合理应用方式，具体如图6-1所示。

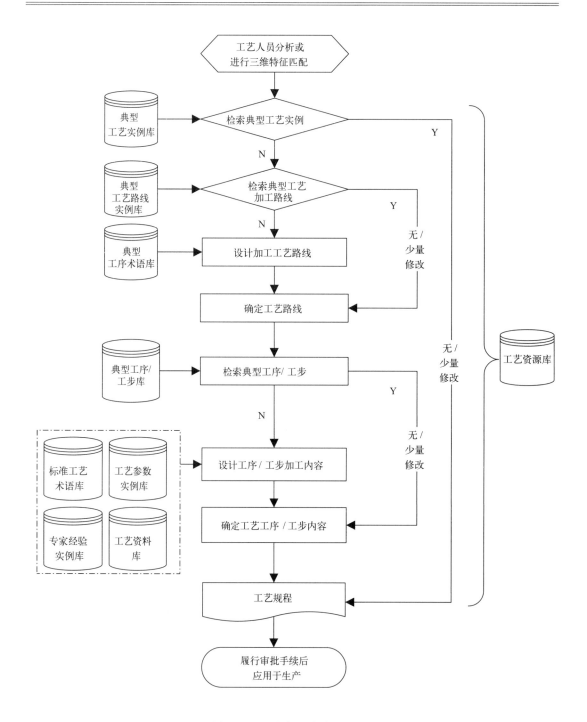

图 6 - 1　工艺知识库应用流程

6.1.1　基于数字样机的信息提取

数字样机三维模型的制造信息提取，主要包括属性信息、几何特征信息、模型视图信息、PMI 信息和装配模型信息等方面，提取的具体内容和形式如图 6-2 所示。数字样机信息提取一般通过二次开发和相应的提取技术实现。

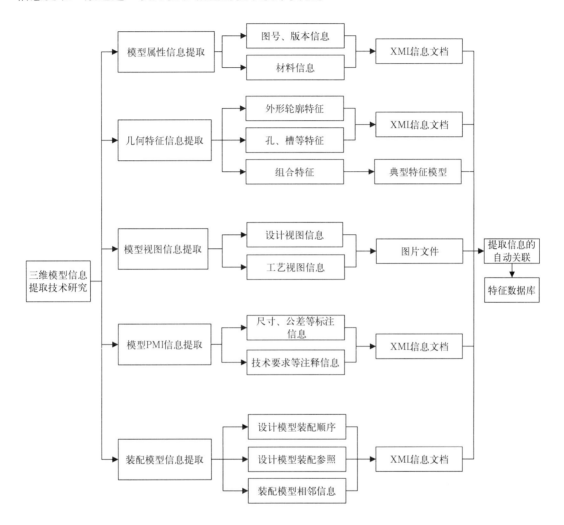

图 6-2 三维模型信息提取技术框图

（1）模型属性信息提取技术

三维模型上的各项属性信息，都是在三维工艺设计过程中所需要直接应用的信息，在以往的工艺设计过程中，都是由工艺人员进行识别，添加到工艺设计文件，存在难以直接应用、容易出现差错等方面的问题。

借助相应的软件工具，可以实现产品代号、图号、材料名称、材料牌号、材料状态、技术条件、品种规格、工艺路线等属性信息提取，输出规范格式的 XML 信息文档等。

（2）几何特征信息提取技术

零件的几何特征主要可用于工艺设计过程中材料定额的制定、确定产品的加工方法，当前主要还是依靠工艺人员的人工识别，效率低，并且难以实现基于几何特征的关联工艺设计知识检索、推送。

通过几何特征提取技术的研究，可以实现模型上孔、槽、导角、法兰等单一和组合特征的提取，并且可以实现根据提取的特征推送典型产品等工艺知识。

（3）模型视图信息提取技术

模型视图主要是在产品设计模型上所定义的设计视图、工艺模型上所定义的工艺视图，在三维工艺设计过程中，一般都需要将所定义的视图信息添加到工艺设计文件，或者是在三维工艺现场应用过程中，能够按照所定义视图的方式，查看三维设计模型或者是三维工艺模型。

通过模型视图信息提取技术，可以实现设计模型、工艺模型视图信息的自动提取，并且可以进一步实现模型视图方向、位置等信息的提取，这样，可以在现场实现工艺模型、设计模型的集成应用，操作到某个工序，就可以在三维模型上自动定位到相应的模型视图。

（4）模型 PMI 信息提取技术

模型上的 PMI 信息，包括设计模型上的 PMI 信息和工艺模型上的 PMI 信息两个部分。PMI 信息主要包括尺寸、公差、注释、技术条件等。当前还主要是由工艺人员以手工的方式输入这些信息，效率低，容易出现差错。

在开展三维工艺设计过程中，模型上的 PMI 信息，有的需要直接添加到工艺设计文件中，有的需要根据这些信息进行工艺知识的检索和推送，并且需要结合模型的几何信息来开展工艺设计工作。通过模型 PMI 信息提取技术的研究，可以实现自动提取模型上的这些信息，并且可以实现与模型上的几何信息进行关联，形成和存储为结构化的数据，一方面可以直接添加到工艺设计文件，另一方面，也可以根据这些信息进行工艺设计知识的检索和推送。

（5）装配模型信息提取技术

装配模型所包含的信息，包括由设计、工艺人员所定义的子模型的装配顺序，所包含的子件模型明细，以及模型分组所形成的装配单元等。

在进行三维装配工艺设计过程中，往往需要工艺人员进行工序的划分，制定工序、工步的装配件内容，制定每个装配工序、工步的装配视图。现在要完成这些工作，还主要是依靠工艺人员在工艺文件中手工添加装配明细，这样难以实现针对每个装配工序、工步来制作相应的工序、工步视图。工序、工步中的装入件、视图等，也难以实现与装配模型的有效关联和联动。

通过开展装配模型信息提取技术，可以提取设计装配模型、工艺装配模型上的主要信息，可以基于提取的设计模型装配顺序，规划三维装配工艺的装配顺序和路径。可以实现装配模型上所提取的装入件与三维装配工艺中的工序、工步的关联，从而不但可以实现在点击三维工艺设计文件中的装入件明细时，自动关联定位到相应的装入件三维模型，还可以自动定位模型在整个装配模型中的位置，实现三维工艺和三维模型的联动。另外，还可以根据模型中所提取的信息，在三维装配工艺设计过程中，自动推送相应的工装、工具资源模型等。

6.1.2　基于数字样机的工艺模型建模

基于设计模型的工艺模型建模，主要是充分利用已有的设计模型几何、标注信息，建立可以添加工艺信息的工艺模型，同时，当设计模型发生升版等设计变更时，能够最大程度地保留原来添加的工艺信息，在此基础上实现工艺模型的变更。

通过软件的二次开发，建立创建工艺模型的功能，通过在三维设计模型上自动建立装配模型，形成相应的工艺模型。在所形成的工艺模型上，既可以显示几何信息，也可以显示设计尺寸标注信息。同时，还可以基于设计模型，添加新的工艺视图，添加新的工艺信息标注。当设计模型发生变更时，自动实现工艺模型下设计模型的替换，同时，在工艺模型上，自动显示新的设计模型信息，原有的工艺模型视图、标注信息还可以自动加载，通过简单的更改完善，形成新的工艺模型版本，建立新的工艺模型，具体如图 6 - 3 所示。

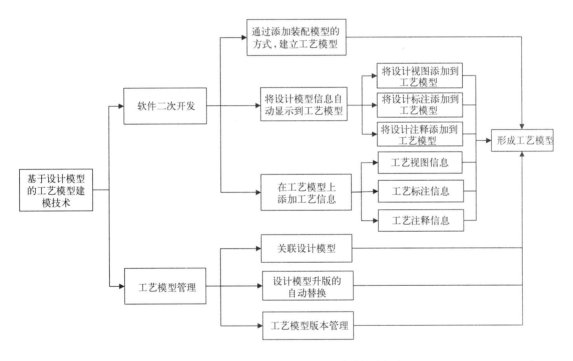

图 6 - 3　基于设计模型的工艺模型建模技术框架图

6.1.3　面向三维工艺的知识推送

面向三维工艺的知识推送，主要是在工艺设计的每个环节，都可以基于设计模型，或者是基于工艺人员建立的工艺模型，集成所建立的工艺知识库，自动推送完成工艺设计所需要的工艺知识。通过基于流程的知识推送、基于典型产品的知识推送、基于模型信息的知识推送三个方面，来推送工艺知识，具体如图 6 - 4 所示。

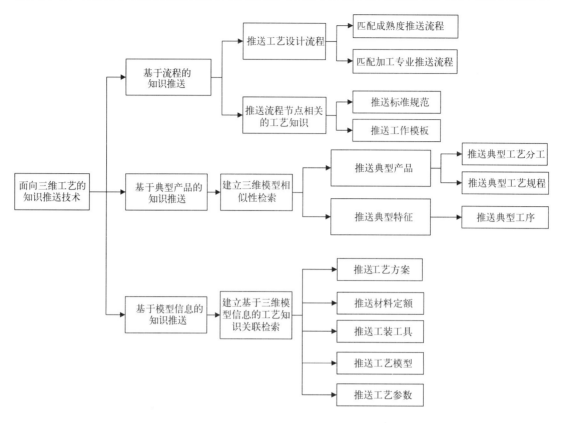

图 6 - 4　面向三维工艺的知识推送技术框架图

　　其中，提取模型上的成熟度信息、工艺分工信息，建立针对不同模型成熟度、机加铸造等专业的工艺设计流程模板，通过信息的关联检索，推送相应的工艺设计流程，按流程开展工艺设计工作。

　　通过建立针对三维模型的相似检索工具，可以通过产品设计模型，定位到相似的典型工艺设计模型，然后通过与典型工艺模型相关联的典型工艺、典型工艺分工信息，来推送相应的工艺知识。同时，还可以匹配检索典型特征，通过典型特征与典型工序的关联，来推送典型工序信息。

　　通过建立基于三维提取信息的工艺知识关联检索工具，通过与工艺方案知识库、材料定额知识库、工装工具知识库、工艺参数知识库、工艺模型知识库等的集成，自动推送这些方面的工艺知识。

6.2　基于数字样机的三维工艺设计

6.2.1　三维工艺设计流程

　　数字化制造体系中，三维工艺设计是实施的重要环节。三维工艺设计应基于设计完成的数字样机开展，由设计模型驱动，并通过系统集成将生产工艺流程和工艺知识库有效结合。典型基于数字样机的三维工艺设计流程如图 6-5 所示。

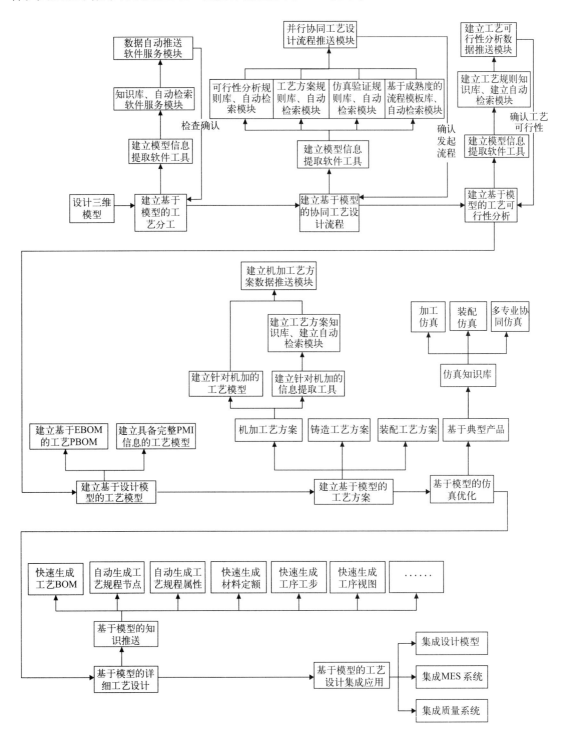

图 6-5　基于数字样机的三维工艺设计流程

图 6-5 所示流程集成三维模型信息提取、基于设计模型的工艺模型建模、面向三维的工艺知识推送等技术。

根据提取的图号、成熟度、阶段等设计模型信息，可以自动建立分专业的工艺规程文件节点，并自动实现分专业、分型号的分类管理。根据模型提取的图号、材料等相关信息，自动填充新建的工艺规程，实现工艺规程属性信息的自动建立。根据提取的模型属性信息，以及工艺知识的推送技术，自动推送工艺设计中的材料定额信息，包括单件定额、工艺余量等，实现材料定额信息的快速创建。

知识推送按产品模型检索到典型工艺模型，按所推送的典型工序、工步，通过基于相似度的排序和选择，快速生成新的工序、工步方案。根据所建立的工艺模型，快速生成和添加基于工艺模型的工序视图，并按工序，实现与三维工艺模型的关联，这样在现场应用时，既可以查看到工艺文件的工序视图，同时也可以以三维的方式，按工序浏览相应的工艺模型和设计模型。

按工序、工步颗粒度，基于知识推送模块，推送相应的工艺参数知识信息，并且可以将推送的工艺参数，直接添加到工艺设计文件，也可以根据推送的工艺参数，关联检索到所有在工艺设计中应用过的参数，来实现工艺参数的快速建立和完善。在工艺设计的工序、工步节点，可以推送与设计模型、工艺文件、工序信息相关联的工艺资源，以及与工序、工步节点相关的标准化、规范化工序表达内容，快速生成相应的工序、工步内容信息。

基于数字样机的三维工艺设计技术框架图如图 6-6 所示。

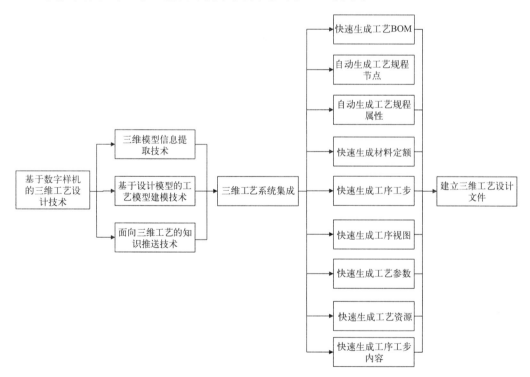

图 6-6　基于数字样机的三维工艺设计技术框架图

6.2.2　零件三维工艺设计

目前，基于数字样机的零件三维工艺设计分为面向数控加工和面向现场两种方式，三维工艺设计流程如图 6-7 所示。

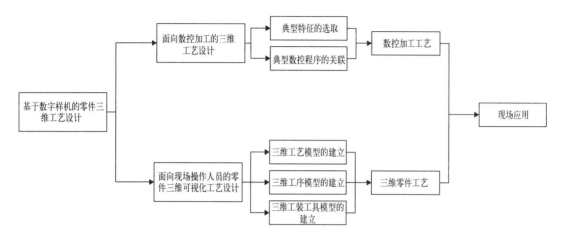

图 6-7　零件三维工艺设计流程

（1）面向数控加工的三维工艺设计

基于三维模型的数控加工工艺设计，主要存在模型转换、操作繁复、效率低等方面的问题。这些问题，可以通过基于三维模型的特征选取技术，根据选取的特征，关联检索到典型的数控加工程序，然后对数控程序进行相应的修改完善，快速实现面向数控加工的三维工艺设计。

（2）面向现场操作人员的零件三维可视化工艺设计

面向现场操作人员的零件三维可视化工艺设计，主要是与工序相关的工序模型手工建立的工作量大，不能充分利用已有的设计模型，并且当设计模型变更时，相应的自动变更难度大。

通过基于设计三维模型的工艺模型、工序模型建立技术，建立与工序关联的工装工具模型，通过模型与工艺设计文件、工序的关联，实现零件三维可视化工艺设计。

6.2.3　装配三维工艺设计

装配三维工艺设计，主要基于装配数字样机建立基本的零组件装配顺序，形成基本的装配工序、工步，以可视化的方式实现工序、工步和装配件的展示，实现三维装配工艺设计，如图 6-8 所示。

基于设计部门发布的三维设计模型，依据工艺分工、装配层次，进行三维装配工艺模型结构创建，由 PBOM 转换为产品装配工艺结构，如图 6-9 所示。不同装配特点（环境条件、实验条件、连接形式、工艺特点）的装配件（如气密部分、复合材料、胶接件、火工

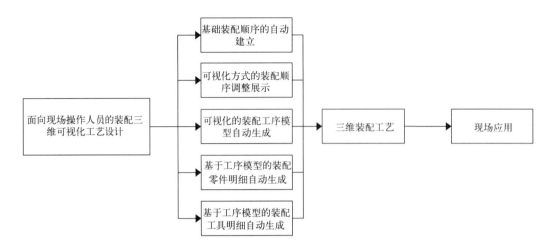

图 6 - 8　装配三维工艺设计流程

品、蜂窝件、危险品等)应单独划分出来。装配顺序中，应尽量减少装配周期长的总装工作量，如部件总装、分部件总装等，尽可能多地形成大型组件，避免以散件的形式进入部件总装。

装配工艺结构的划分应使各个装配工作站的装配周期基本平衡。工艺结构划分时应结合生产性质(试制、小批生产)、生产周期、成本等因素进行综合技术经济分析。

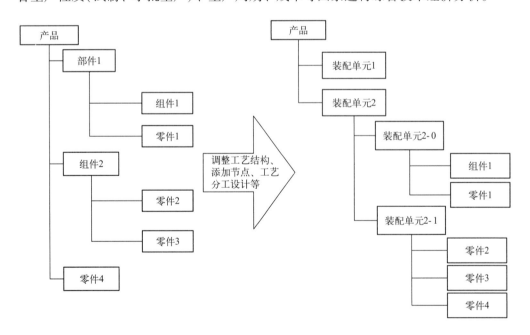

图 6 - 9　由 PBOM 到产品装配工艺结构的转换

面向三维装配工艺设计，实现工艺规程、工序、工步与三维设计模型的关联，这样，在三维装配现场，通过点击相应工艺规程、工序、工步节点，就可以关联显示相应的装配模型，工序、工步的装配件模型，实现三维设计模型、三维工艺文件的集成和关联应用，如图 6 - 10 和图 6 - 11 所示。

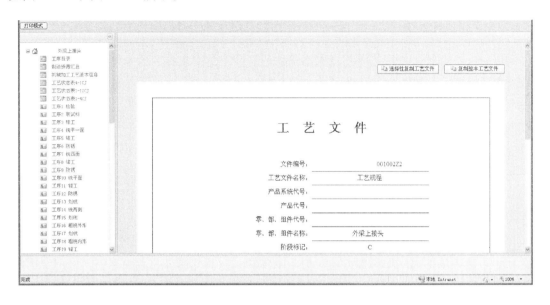

图 6 - 10　面向装配现场的工艺文件

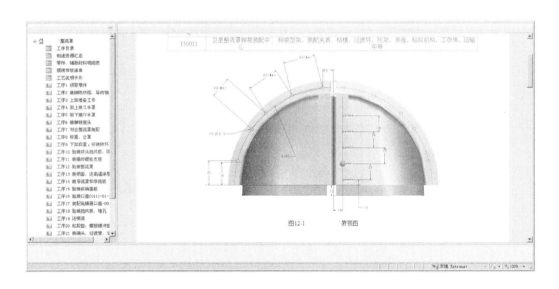

图 6 - 11　关联装配工艺的产品模型

6.3　基于数字样机的可视化总装

　　根据新一代中型运载火箭的总装流程，基于数字样机编制流程图作为后续总装过程中的进度显示和指导性文件。利用一套平板电脑作为制造执行系统，将总装工艺要求、总装进度与流程图相互关联,平板电脑作为该系统的执行终端(以下简称"终端"),在总装过程中可以发挥出数字样机特有的三维直观、易于理解的作用。

6.3.1 可视化执行系统

可视化执行系统主要用来管理航天运输器的总装工艺要求、总装进度、流程图及三维数字样机模型等,以平板电脑作为载体,将总装现场检查的一些纸质文件要求制作为电子化的文件,包括文图类、视频类、二维动画类、三维动画类、轻量化模型虚拟拆装类、三维交互类等多种形式,在工作现场由工艺人员进行多媒体记录拍照、一二类单点及关键参数查看等,所有的数据信息统一在服务器端存储管理。在服务器端可以事先编制工作流程、岗位、检查文件等,可以查看总装工作进度,导出多媒体记录的相关照片,统计、追溯历史数据等。系统以电子化、结构化的管理模式和便携式平板电脑的形式,为总装现场工作的精细化管理提供了良好的支持。

系统主要由操作终端(PAD)和服务端两部分组成。操作终端程序运行于 PAD 平板电脑,通过 USB 以太网适配器,连接服务器接口。系统部署在服务器上,系统管理员可以登录系统,完成数据同步、流程编排、权限分配等工作。可视化终端系统构成如图 6 – 12 所示。

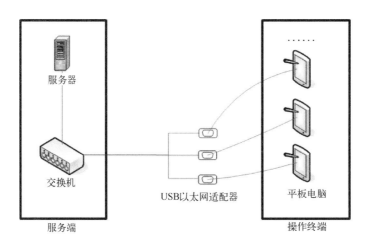

图 6 – 12 可视化终端系统构成图

6.3.2 总装流程演示

全数字化研制的推行,使得数字样机的概念已经深入到产品设计、仿真和总装的各个方面,最为明显的变化是设计要求的载体从图纸变为数字样机模型。根据总装过程的实际需求,在实现产品三维模型轻量化的基础上,考虑总装过程中产品的装配先后顺序,对产品的总装过程进行三维装配动画仿真,如伺服机构三维装配动画仿真如图 6 – 13 所示,通过确认总装完成后的状态及总装过程中的结构干涉及可操作性等相关内容,作为附件插入到终端内的工艺文件中,利用终端实现总装过程先后顺序的动画演示。对于总装一线人员了解总装过程、掌握总装状态和整个总装顺序，该系统提供的帮助十分显著，总装效率也得到了极大提升。

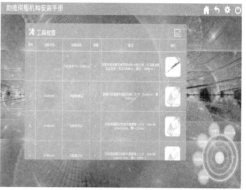

图 6 - 13　伺服机构三维装配动画仿真

新一代中型运载火箭产品的总装涉及几万件产品的检查、测试、总装，对总装完成后的各个系统进行气检和电容电阻测试，对各关键点处进行逐一确认，检查其是否满足相关要求，所涉及的工作繁重，总装进度的呈现往往很难实现。在目前的总装厂中，通过利用数字样机，总装车间将工艺文件和总装工艺流程图实现关联，在工作完成后的工艺文件上进行确认，并通过终端与内置服务器之间及时关联同步使得在流程图上及时更新总装进度，从而使得总装进度实时可视化，将虚拟的总装进度变成了直观可视的总装流程，也为后续总装工作的继续展开提供相关的信息。基于 PAD 的总装现场流程显示如图 6 - 14 所示。

图 6 - 14　基于 PAD 的总装现场流程显示

6.3.3　工具物料管控

总装过程中的物料管理是当前管理较为繁琐、人工易出错的环节。在流程管控和制造执行系统的基础上，通过建立基于条码的产品物料管理系统，可以使得总装过程中涉及的产品零部组件及工装工具、耗材等各项物料的库存状态及时显示，实现信息共享，提高各方的工作效率。例如：对于前期缺货的内容可以使用邮件提醒等方式进行到货通知，对于缺少的情况根据总装流程的要求及时做好预警。

总装过程中使用的相关测量测试工装工具，精度需要及时校验，且校验均存在一定的期限，需要将此类工装工具的条码信息及其校验检查信息也及时记录其中，实现该信息与流程管理系统及终端的信息互联和同步。新一代运载火箭通过外接接口扫码及时录入该类工装工具的有效期等各相关信息，在总装过程中实现该类工装工具的有效期查询和有效期即将到期后的信息预警及有效期过期后的警报，同时在总装过程中，通过终端及其配备的扫码系统，将该类信息直接录入到总装过程中的工艺文件结果登记中，作为后续的查询备案。

6.3.4　工艺文件查阅

鉴于总装过程的产品复杂性，以及总装过程中的各项工作的串行并行的总过程，以往产品总装中涉及的工艺文件使用纸版打印系统，所涉及的总装文件总页数过万，在总装过程中及总装完成后的信息查询变得非常困难，对于临时出现的异常问题的响应时间过长。新一代运载火箭通过使用电子终端，在有关信息查询时参照流程图查询整个总装顺序，也可以查询在总装过程中的各项工作内容的信息记录，同时也避开了整体的各项繁杂过程，仅对各相关信息进行数据提取，使复杂的总装工作顺利展开，大大提高了问题处理效率。基于三维的总装工艺文件查阅如图 6 - 15 所示。

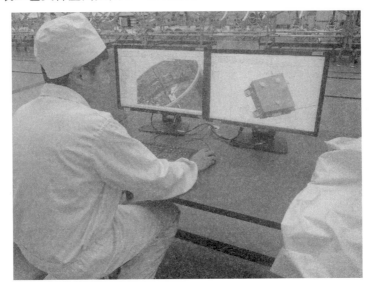

图 6 - 15　基于三维的总装工艺文件查阅

6.3.5　多媒体记录管控

　　总装过程中，需要拍摄大量的照片、摄像等多媒体信息，作为产品后续查询的依据，而以往主要通过使用相机完成多媒体信息的采集，将多媒体信息记录号登记在工艺文件中，然后根据产品的登记信息单独对多媒体信息进行存储、归类整理、信息备份。当需要使用时，对多媒体素材进行查询就需要耗费大量的人力、物力和时间，且产品归类如果做不好的话，型号多批次记录形成的超海量多媒体信息，依靠简单的记录号进行后续多媒体信息的查询极其困难。

　　新一代运载火箭通过使用电子终端解决这些问题，主要方法是将总装流程图和总装工艺文件相结合，将多媒体信息的采集嵌入到平常的总装过程中，利用工艺文件的信息同步实现多媒体信息的自动存档，在后续查询过程中根据日期、总装进程、记录要求等各项内容对多媒体信息进行查询，以提高效率。基于三维样板的多媒体记录如图 6 - 16 所示。

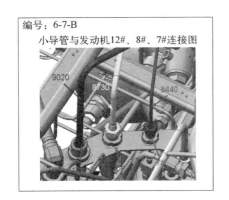
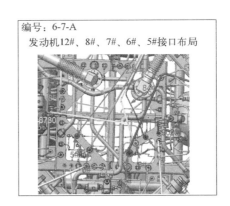
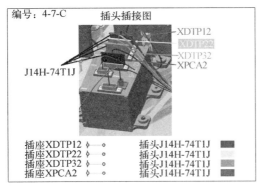

图 6 - 16　基于三维样板的多媒体记录

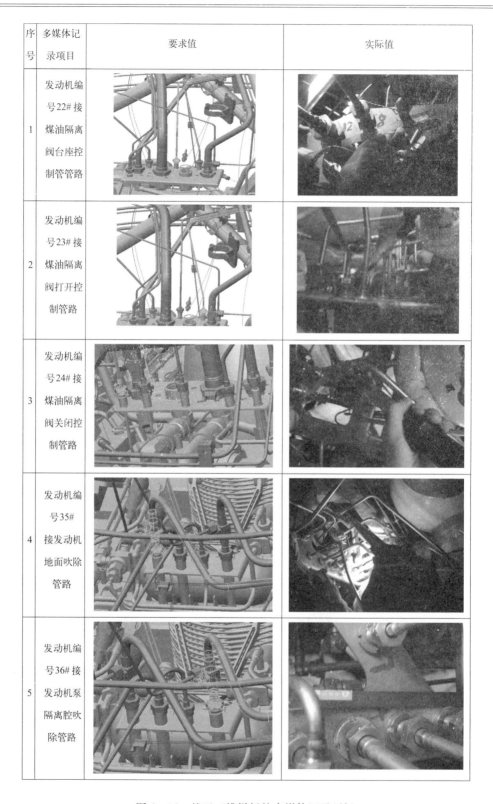

序号	多媒体记录项目	要求值	实际值
1	发动机编号22#接煤油隔离阀台座控制管管路		
2	发动机编号23#接煤油隔离阀打开控制管路		
3	发动机编号24#接煤油隔离阀关闭控制管路		
4	发动机编号35#接发动机地面吹除管路		
5	发动机编号36#接发动机泵隔离腔吹除管路		

图 6-16 基于三维样板的多媒体记录(续)

6.4　基于数字样机的 3D 打印与检测

6.4.1　3D 打印技术

3D 打印机采用"增材制造"的技术，无需机械加工或任何模具，就能直接从数字样机生成任何形状的零件，依据计算机指令，通过层层堆积原材料制造产品。1986 年得克萨斯大学卡尔·德卡德和约瑟夫·比曼发明了第一台选择性激光烧结打印机，通过整体部件有序打印来制造塑料产品，所有的齿轮、把手、旋钮都不需要进行再次组装，开启了 3D 打印先进前沿领域的先河。

3D 打印的前提是数字样机及相应的设计文件，在设计文件指令的导引下，打印机先喷出固体粉末或熔融的液态材料，使其固化为一个特殊的平面薄层。第一层固化后，3D 打印机打印头返回，在第一层外部形成另一薄层。第二层固化后，打印头再次返回，并在第二层外部形成另一薄层。如此往复，最终薄层累积成为三维实体。其核心是通过层层堆积形成产品，从物理角度扩大了数字化设计范围，比其他生产模式(如人工生产或机器生产)更精确、更通用，将更为复杂的设计以过去不可能的方式制造成实物。

6.4.2　3D 打印优势

近年来，随着计算能力、新型设计软件、新材料、新技术的不断推动，3D 打印技术发展迅速。对运载火箭而言，其优势如下：

(1)3D 打印带来的"宽约束设计"

随着全球协同的加速发展，国际发射市场的竞争愈演愈烈。美国、俄罗斯在中型、重型火箭的发射服务市场占据了主要份额，而日本、印度正在逐步、有策略地抢夺低成本发射市场。在世界大国林立的激烈争夺战中，如何树立中国运载火箭品牌地位，越来越迫切需要新的技术手段来缩短它们从设计到产品交付的时间，快速推向国际发射市场参与市场竞争。3D 打印带来了新的技术手段，对运载火箭设计带来的优势主要表现在：

1)通过 3D 打印可以低成本、高效地打印产品原型，缩短了"产品交付时间"。原型是设计的初稿，它有助于设计人员、工艺人员、生产人员和质量人员进行多重检查，提前直观检查产品的外观、布局、间隙、干涉和各部件的配合情况等，也有助于更好地与任务方、上级领导进行设计方案的协调与沟通。

2)3D 打印打破目前的思维定势，倾向涌现更多的创新灵感形成了一种"宽约束设计"方法。传统制造的产品形状有限，制造产品形状的能力受制于所使用的设备。例如，制模机只能制造模锻形状。3D 打印突破这些局限，挖掘巨大的设计空间，常见的成型机或者切割成型机难以制造的中空、互锁等具有复杂内部结构的产品，如发动机涡轮泵的内部型腔，3D 打印可以帮助设计师迅速实现。

3)材料无限组合。对目前的制造设备而言，将不同原材料合成单一产品是困难的，制造设备在切割或模具成型过程中不能轻易将多种原材料融合在一起。随着多材料 3D 打印技术的发展，将实现不同原料融合形成新的材料。

4）精确的实物复制。数字文件可以被无休止复制，产品质量并不会下降。

5）体积小、占位少、便携验证，方便设计使用。

设想未来可能的场景：完成产品设计后，首先用 3D 打印测试，需要的话，不断修改设计，当满足要求后，再发给生产部门最终的设计文件，通过这种方式能够快速实现实物验证，尤其是对于局部复杂且有复杂装配顺序或空间紧凑的结构装配体，同时也能够实现对关键件、重要件的不同部分如何连接进行精确预测，对优化结构方案更有力。

需要注意的是，尽管 3D 打印技术在制造领域日益广泛应用，但由于目前存在重力的影响和材料的限制，需要进一步掌握打印材料的规律并控制材料的构成，以控制 3D 打印风险。

（2）3D 打印消弱了"制造隐形成本"，使制造更加灵活

制造业中有个说法："又好、又快或者又便宜，必须舍弃其中之一，不能同时兼顾"。这句玩笑听起来不错，但实际上后面藏着更深层次的含义。

火箭研制是复杂的过程，从论证阶段的设计概念转化为实物产品，这一过程所花费的时间一般为 4~5 年，且各个型号之间通用的产品较少，大多保持了手工生产和小批量的模式，支持生产多样化和定制的产品，不具有规模经济的效益。

事业单位改企业单位之后，下游制造部门需要从企业全局的角度考虑而不是从某发任务的角度考虑，制造单发火箭会存在着小批量生产与大规模生产之间的矛盾，因此将设计要求转换为实物产品，这一过程较为漫长，从备料、工艺、工段、工时到计划，往往涉及多个产品之间的统筹安排。这是火箭制造中的隐形成本之一，即产品的生产过程中为取得规模经济的效益，力求同类、多批次产品集中投产，结果是单发产品可能延迟交付。

另一个隐形成本是产品的设计过程。目前手工生产是火箭产品研制的现行方式，然而这样生产的成本较高，甚至简单的钣金支架生产的背后也存在很多看不到的成本，如人力成本，技术精湛的工艺人员能够准确将设计转变为实际的产品，甚至指导现场工位和监督装配现场，但是在事业单位转企业单位的改革阶段，下游制造部门的人员流动和岗位变动是常有的事情。一旦人员变动，每一次设计的改变，每个小小的升级或变化，都会触及制造的底线。为适应成熟生产线、工艺线或固有制造模式，设计被迫在产品质量和制造成本之间进行权衡，结果是牺牲设计的改进和产品的质量。

在进入国际发射服务主战场的重压下，系列火箭产品集中生产具有高效优势，能够降低生产成本、获取边际利润，然而对单发产品的交付周期可能产生负面影响。相反，手工生产可以满足单发产品的定制需求，但限制了设计的自由，生产周期长，产品质量一致性很难保证。3D 打印则提供了一条融合大规模生产和手工生产于一体的新途径：

1）制造复杂产品不增加成本。对传统制造而言，产品形状越复杂，制造成本越高。3D 打印制造形状复杂的产品成本不增加，打印一个复杂的捆绑连杆和一个简单的箭体壳段所消耗的时间、技能或成本是等价的。制造复杂产品而不增加成本将打破传统的定价模式，并改变计算制造成本的方式。

2)产品多样化不增加成本。传统的制造设备功能较少，制造的产品形状种类有限。3D 打印可以打印许多形状，每次做出不同形状的产品。打印 10 个不同的壳段与打印 10 个相同的壳段，成本是一样。它省去培训生产人员或购置新设备的成本，只需要不同的数字样机模型和一批新的原材料。

3)不需要组装。3D 打印能使部件一体化成型，做到"开箱即用"。机床生产出的零部件，由工人进行组装。火箭组成的部件越多，总装耗费的时间和成本越多。3D 打印通过分层制造可以同时打印一个操作口盖及上面的锁紧铰链，将部件一次性生产出来，不需要组装，节省了总装时间和成本。

4)零时间交付。3D 打印可以按需打印，一方面减少物流的库存和货架，另一方面提高总装进度，小到一个螺钉，大到一个贮箱，都可以即时生产。

5)零技能制造。传统制造需要熟练的专业生产人员进行操作，3D 打印直接从三维模型中获得各种操作指示，加工同样复杂的物品，3D 打印所需的操作技能比数控机床少，大大降低了对生产人员技能的要求。

6)减少废弃、环保加工。与传统的金属制造技术相比，3D 打印制造金属时产生较少的副产品。传统金属加工的浪费较大，3D 打印制造金属时浪费量将显著减少。随着打印材料的进步，"净成型"制造可能成为更为环保的加工方式。

从目前的应用效果来看，3D 打印最大的弱点是不能满足大规模经济要求，但这一点恰好适用于火箭研制。运载火箭的家族中，每一型火箭都有自己独特的发射使命，类似商业销售中的少量独特的、不断变化的或具有高边际收益的产品，也就是要定制的产品。3D 打印正好可以满足这样的需求，它通过小批量、定制化的生产模式而存在并快速发展，未来 3D 打印将会对运载火箭制造业产生更为深远的影响。

(3)3D 打印未来有可能实现 3D 传真

运载火箭从总装厂房运输至发射中心，经历长途跋涉，按照零部件拆开运输至技术阵地后再进行组装，对协调和运输方面都有很高要求。如果可以根据所需的零部件按需就近生产、组装，就能最大限度地减少长途运输的成本。而 3D 技术在原子传真机方面的探索，也许会像蒸汽机或电报这样的变革性技术一样震惊世界，可以为"试验产品长途运输问题"的解决提供思路。

3D 打印不仅是一种单一的技术，同时是一种广泛的、领先于其他技术的平台技术，其代表了革命性的飞跃，将数字样机与实物产品紧密连接，使得设计和制造更加灵活。对运载火箭而言，3D 打印技术最大的贡献是减少了创新设计的风险和冲突，可以预见，下一代新型运载火箭推向国际发射市场的时间会更短。

6.4.3　3D 扫描检测

(1)3D 扫描逆向技术

如果有了实物产品，还会用数字样机做什么？

逆向工程可以提供答案。逆向技术是从现实世界到虚拟世界的完美回归，比其他捕捉手段更精确、更通用，能够将一个复杂的产品信息通过光学扫描的方式捕捉、处理并建立相应的数字样机，用于后续的分析和改进。

逆向工程在火箭上的应用，缘起于新一代运载火箭总装全三维下厂现场取样小导管"将实物变为图纸"的反向建模需求，随后迅速扩展到液氧煤油发动机、箭上 3350 壳体、贮箱前底上的导管和阀门等箭上大尺寸特征产品。3D 扫描逆向技术作为全新的产品设计方法，同时将成为未来的产品质量检验方法。

3D 扫描逆向技术是指利用光学扫描设备捕捉已生产部件或通过试验考核部件的精确形状，得到实物产品的点云数据，导入软件进行三维模型重构的技术。主要包括：3D 扫描、数据处理、实体重建三个步骤，如图 6 - 17 所示。

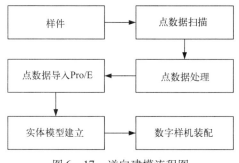

图 6 - 17　逆向建模流程图

3D 扫描一般采用非接触式技术或接触式逆向测量技术，实现被测物体整体测量数据的获取，在汽车、飞机工程中广泛应用。数据处理的目的是避免噪点对测量结果产生影响，对偏离正常误差之外的粗大点进行剔除，填补不完整和破损曲面。实体重建的基本原理是按点—曲线—曲面原则，以实物点云作为参照，对样件进行重构还原，一般采用专用逆向软件，如 Geomagic Control、Geomagic Qualify。常用的 3D 扫描设备如图 6 - 18 和图 6 - 19 所示。

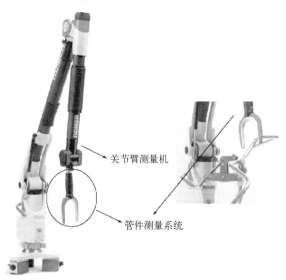

图 6 - 18　关节臂测量机与管件测量系统

图6-19　手持式激光扫描仪

（2）3D 扫描逆向技术在运载火箭上的应用

3D 扫描逆向技术的本质是进行还原设计，将实物反向捕捉为数字样机，其目前在运载火箭上的用途主要有三种：一是基于数字样机进行 CAE 强度分析，确定其是否满足力、热、振动等环境条件的新要求；其二是利用数字样机进行总装动静态干涉检查，确定后续研制阶段的试样设计状态；其三是基于逆向的数字样机与理论的设计模型进行比对分析，确认两者之间的误差大小，反馈工艺改进产品质量控制方法。

①用途一：小导管三维扫描逆向建模

在传统图纸中小导管不真实表达，通过现场取样确定，难于获取到真实的空间走向信息，给强度分析工作带来了挑战。通过扫描可以有效解决该问题，在新一代运载火箭小导管还原设计及强度分析中，全面掌握三维空间环境中小导管布局走向变形情况，为 CAE 分析提供了有效输入。管路 3D 扫描逆向建模如图6-20 所示。

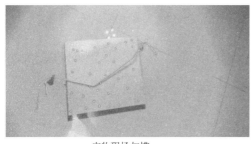

实物现场扫描

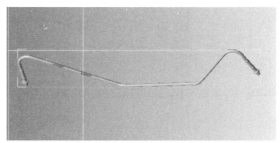

逆向总装模型

图6-20　管路 3D 扫描逆向建模

②用途二：发动机三维扫描逆向建模

三维逆向工程在发动机摇摆控制、箭体对接安全间隙分析中发挥重要作用。使用光学扫描数据，可以捕捉到已生产贮箱部件及上面的导管、阀门的精确形状，通过扫描产品与设计模型的比对，全面掌握三维空间环境中发动机、管路、阀门等产品生产、装配偏差及变形情况。液氧煤油发动机逆向扫描结果如图6-21 所示。

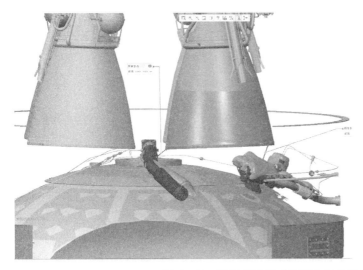

图 6-21　液氧煤油发动机逆向扫描结果

③用途三：壳段三维扫描逆向建模

三维逆向工程在动力系统试车箭台对接控制中也发挥了重要作用，通过扫描产品与设计模型的比对，全面掌握三维空间环境中蒙皮壳段产品的生产、装配偏差及变形情况。一级尾段壳体逆向扫描结果如图 6-22 所示。

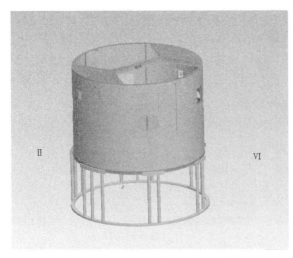
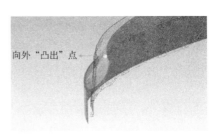
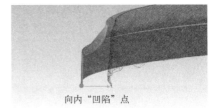

图 6-22　一级尾段壳体逆向扫描结果

基于数字样机的数字化制造是数字样机工程的重要标志之一，可以大幅提高生产质量和生产效率，提高产品生产的信息化管理水平。数字化制造关键环节是基于数字样机的三维工艺设计和仿真，通过三维工艺设计和信息提取，将设计发布的数字样机转换为生产制造使用的数字样机和信息。随着工业 4.0 和中国制造 2025 的发展，数字化制造、智能化制造将成为必然。

第7章　基于数字样机的服务

随着数字样机技术应用的不断深入，它在运载火箭发射服务等领域也发挥着越来越重要的作用，本章主要介绍了基于数字样机的服务技术，在面向培训的交互式电子技术手册、培训训练系统及虚拟现实技术等方面的应用。

7.1　数字样机在交互式电子技术手册中的应用

交互式电子技术手册(Interactive Electronic Technical Manual，IETM)概念最先是由美军提出的，随着技术的不断发展，电子手册在技术和标准方面形成了完善的体系，在应用范围上也从军用转化为军民两用。根据普遍接受的定义：交互式电子技术手册是以数字形式存储，采用文字、图形、表格、音频和视频等形式，以人机交互方式提供装备基本原理、操作使用和维修等内容的技术出版物。

IETM包括两个核心概念：数据模块(Data Module，DM)和公共源数据库。数据模块是用来记录装备某一方面的基本技术资料，是最小的信息管理单元，公共源数据库则用来管理数据模块。

7.1.1　电子手册资料导航管理

IETM中数据模块的组织和手册结构的导航主要依托SBOM来开展，图7-1说明了IETM的制作过程。

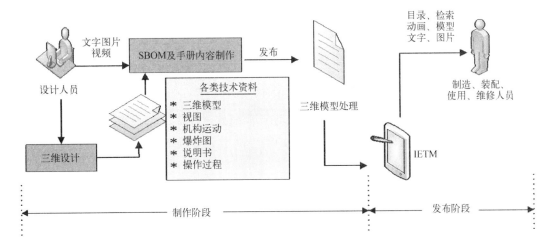

图7-1　IETM制作过程

IETM 的内容输入来源于数字样机及其相关的各类文档技术资料，为了手册表现形式的需要，还需要补充图片、视频等多媒体资料。IETM 中基本单元数据模块的结构是基于内容组织和划分的。所以技术手册要以某种保障活动的主题进行构建，能够将火箭的产品信息和使用操作信息一起表达。为了实现这种要求，需要考虑火箭的硬件组成和保障活动的信息类型，通过对数据模块编码的选择，就可以组成某一类型的技术手册，如操作流程类 IETM、故障维修类 IETM 等。

为了便于 SBOM 管理，根据相关的标准规范，运载火箭 IETM 中的 SBOM 管理形成了一套标准编码体系。数据模块编码设计为 17 位字符，分为 8 个代码段，如图 7 - 2 所示。

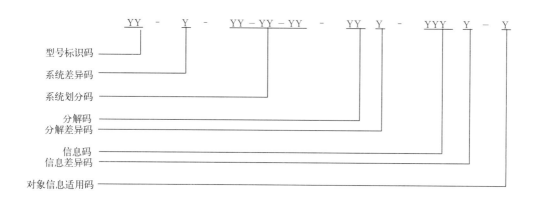

图 7 - 2　数据模块编码结构

（1）型号标识码

型号标识码是用以标识当前数据模块所描述的航天装备产品型号的代码。

（2）系统差异码

系统差异码用于区分装备型号未发生变化时系统/分系统的变化，在航天装备产品中代表型号的差异。例如：某一型号可以有多种实现某一功能的系统，如多种类型的导航系统等，可以采用系统差异码区分这些相同功能的系统。

（3）系统划分码

运用基于标准化的编码体系标识装备及其层次划分的代码，由六位字符、三个码段组成，各码段默认为00，表示不再细分，若需进一步细分，则按"01"、"02"、"03"……顺序编码。根据手册要表达的装备保障活动主题的不同，系统划分码的码段内容也不同。

1）若 IETM 结构按照操作流程划分，系统划分码的码段内容为操作场地、操作项目、操作步骤。

a）操作场地示例：

01——技术阵地；

02——发射阵地。

b）操作项目示例：

01——单元测试；

02——分系统测试。

c）操作步骤示例：

01——动力系统单元测试；

02——控制系统单元测试。

2）若 IETM 结构按照产品结构划分，系统划分码的码段内容为系统码、分系统码、单元或组件码。

a）系统码示例：

01——火箭；

02——地面设备。

b）分系统码示例：

01——结构系统；

02——火工品。

c）单元或组件码示例：

01——尾翼；

02——尾段。

（4）分解码与分解差异码

分解码用来标识单元或组件分解状态的代码，默认为00。

分解差异码用来标识分解码对应单元或组件发生细微变化的代码，默认为 A，表示没有差异。

（5）信息码

信息码用来标识数据模块描述的信息类型的代码。GJB 6600 对信息码进行了规定，将信息码分为 9 类，按照装备保障活动的顺序分别涵盖了操作要点、保养方法、检测手段、故障报告、诊断程序、故障定位、部件组装、修复件存储及其他主题。在航天装备系统中，常用到的信息码见表 7 - 1。

表 7 - 1　航天装备系统常用信息码说明

手册类型	说明	信息码	所属信息码类型	
操作使用手册	用来介绍相关产品操作流程	040	000	功能，计划和描述数据类
装备介绍手册	用来介绍装备的组成、功能、原理等	131	100	操作类
维护保养手册	用来介绍维护保养规程，制定维护保养计划，给出维护保养的操作程序	200	200	维护（保养）类
备件工具手册	给出备品、备件、工具的基础信息和操作使用条件，对备品更换操作流程、使用资料、工具耗材等进行介绍	073	000	功能，计划和描述数据类
故障检修手册	提供典型故障隔离、排除及维修过程	429	400	故障报告和隔离程序类

（6）对象信息适用码

对象信息适用码用来标识维修/训练等所涉及对象的信息适用情形的代码。

7.1.2   数字样机集成与交互技术

在电子手册中，数字样机集成与交互技术主要是为了实现对结构组成、拆卸过程、BOM 表等进行说明，该过程中主要包括三个关键技术点：

1）数字样机轻量化；

2）数字样机交互；

3）数字样机热点设计。

由于电子手册中不需要反映数字样机的属性、制造等详细信息，多数情况下仅仅表达出几何外形即可，同时为了保证电子手册在 PAD 等便携式设备上运行的流畅性，因此，需要对数字样机进行简化，达到轻量化的目的。目前，轻量化方法或技术有商业软件、公开的中性文件格式等。考虑到运载火箭使用的特殊性，研究开发了基于中性文件格式的轻量化工具，能够将数字样机的数据进行简化，在安卓、Windows 等多种平台上流畅地查阅。

数字样机的交互能够大大提升使用者对运载火箭内部构造的理解和掌握。现阶段主要是在数字样机上附加平移、转动、显示、隐藏，甚至预先制作的动画等交互动作，使静态的数字样机能够根据使用的需要"动"起来，清晰地表达结构组成、使用流程、拆装过程等。

数字样机的热点设计同样是为了便于操作者能够尽快地了解并掌握数字样机结构组成，通过球标、文字标注的形式在数字样机上添加标注信息，标注信息能够和电子手册的其他信息相关联，实现对数字样机的补充说明。为了实现数字样机集成和交互，开发了用于电子手册的数字样机素材制作工具，实现了以下几点功能：

1）快速实现轻量化；

2）快速添加包括部段及单机组成标注信息和交互信息；

3）快速生成动画；

4）快速生成数字样机交互数据模块；

5）快速与 IETM 和培训系统集成。

7.1.3   基于数字样机的交互式电子技术手册

基于数字样机的交互式电子技术手册，主要应用于运载火箭生命周期的操作使用、培训训练等相关方面，解决了相关技术资料在编制、使用、更新、储存等过程中的困难。系统通过数字样机交互技术，实现火箭三维结构的立体展示及相关设计生产文件的快速查找和使用。

1）如图 7 - 3 所示，在手册中创建了完整的火箭数字样机，包括三维模型、资料导航树和设计生产文件。三维模型外观颜色和材质与真实产品基本一致，用户可以方便地进行模型浏览操作，包括按比例缩放、旋转、显示隐藏等。

图 7 - 3　基于数字样机的运载火箭 IETM 手册

2）如图 7 - 4 所示，利用 SBOM 构建了产品结构树，用户可方便地通过点击产品结构树节点快速定位查看火箭三维模型和资料。

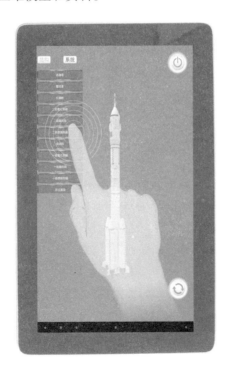

图 7 - 4　运载火箭产品结构树

3）系统支持用户在浏览火箭模型的同时，可以同步浏览查看产品相关文件，如图 7 - 5 所示，主要包括：设计质量检验确认结论报告、生产质量检验确认结论报告、装机清单。

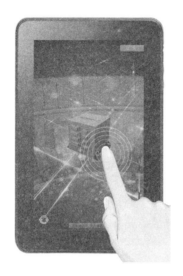

图 7 - 5　基于数字样机的产品技术资料速查

7.2　数字样机在培训训练系统中的应用

如前文所述，数字样机的三维模型在展示结构组成、操作使用及维修过程等方面具有直观的优势，能够在培训训练领域发挥出更大的作用。

7.2.1　交互式模拟培训训练技术

7.2.1.1　复杂场景轻量化技术

在面向运载火箭的交互式模拟培训训练技术研究过程中，为了保证用户体验效果，内容将涉及大量复杂三维模型及场景的应用，要求外观形象逼真、动作合理、用户操作连贯顺畅，这对硬件渲染效能和运行（计算）效率提出了很高要求。从目前的技术发展趋势来看，单纯地依靠提升硬件性能来保证画面效果、渲染能力及用户体验效果，已经不能解决因场景复杂、运算量大而导致的用户体验效果差的问题。因此需要从数字样机建模过程来研究相应的方法，达到在保证用户体验效果的同时降低硬件运算效率要求的目的。

数字样机的轻量化，可以分别从建模过程轻量化、渲染过程优化两方面来开展研究工作。

（1）建模过程轻量化方法

建模过程轻量化的要求是保证模型的逼真性的同时，降低模型的面数和贴图大小。首先模型的面数不是越少越好，这需要综合硬件性能、软件处理算法和模型场景表现需求。

模型面数越少逼真性就会越差，这就需要利用贴图效果来优化，贴图主要包括四种，每种的目的和效果也不一样。烘焙贴图：提高模型的圆滑度；法线贴图：增强模型的表面凹凸感；色彩贴图：丰富模型的色彩度；高光贴图：表现物体的光感效果。贴图的大小取决于模型的尺寸和分辨率。

（2）渲染过程优化方法

对于任何一个三维应用程序来说，追求场景画面的真实感是一个无止境的目标，在模型本身轻量化的同时，场景本身的复杂程度会给计算机的图形硬件带来较大的负荷，因此对渲染过程也需要进行再优化。

在研究中采用了批优化技术、分层显示（LOD）地形网格简化算法和场景管理优化技术相结合的方式，最终实现了 PAD 移动终端上系统的流畅运行和完美的用户体验效果。

①批优化技术

对于显卡来说，一批的多边形数量远达不到最大绘制数量。因此尽可能将更多的多边形放在一批里渲染，以此来减少批的数目，最终降低运行 CPU 时间。

②LOD 地形网格简化算法

分层显示技术是一种符合人视觉特性的网格简化技术。就是为同一个物体建立几个不同细节层度的模型，根据视觉特性，也就是物体离观察者的距离，来简化模型的显示细节。

对于平板电脑，在显卡的数据计算能力有限的情况下，场景的渲染采用 LOD 简化算法，减少绘制多边形数目。它能在牺牲适量 CPU 资源的前提下大大减轻图形卡的数据负载，使 CPU 与 GPU 之间没有明显的瓶颈，从而达到实时渲染大地形的目的，如图 7 - 6 所示。

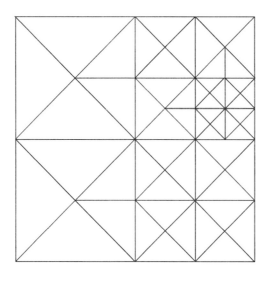

图 7 - 6　多分辨率地形网络

③场景管理优化技术

对于模型较为复杂的场景，摄像机在场景中只有一个可见范围，因此可以采用空间管理算法、可见性裁剪算法等来有效地剔除不需要渲染的视景部分。在 LOD 简化算法的基础上，可以进一步对场景渲染数据进行优化裁剪。四叉树、八叉树、背面剔除等很多其他方法都可以不同程度地进行场景管理优化。在实际应用中，可以根据需要适当选择。

7.2.1.2　碰撞检测算法

碰撞检测的基本任务是确定两个或两个以上的模型之间是否发生接触或者穿透。精确的碰撞检测对提高虚拟环境的真实性、增强虚拟环境的沉浸感有着至关重要的作用，而虚拟环境自身的复杂性和实时性又对碰撞检测提出了更高的要求。

碰撞检测算法可从时间和空间角度进行类别划分，基于时间域，可以分为离散和连续碰撞检测算法；基于空间域，可分为基于物体空间和图像空间的碰撞检测算法。

根据运载火箭虚拟培训的需求和特点，对于主要的两类碰撞事件，操作点击类碰撞和模型碰撞，主要采用了时间和空间算法相结合的解决方案。

对于模型碰撞，主要发生在操作目标模型移动过程中，与周围环境之间发生的碰撞。针对该类事件，采用了离散算法。根据模型的移动速度、大小及移动场景空间的复杂度，合理地给出了检测离散时间的间隔度，通过测试运行，验证其能够避免模型的穿透现象及遗漏现象。

对于操作点击类碰撞，一般发生在培训中各类设备的操作过程中。为了优化性能，模型进行了轻量化处理，设备模型多以贴图方式来呈现其逼真性，而操作过程中，需要对设备上的单机、开关等小部件进行操作。针对此现象，设置检测平面，一旦移动模型到达检测平面即表示发生"接触"，从而简化了碰撞体的空间复杂度，并且固化了设备的操作模式。

7.2.2　基于数字样机的虚拟培训系统

在工程应用中，针对长征七号运载火箭伺服机构这一关键设备的安装过程，开发了面向伺服机构安装的虚拟培训系统，在 CZ－7 首次靶场合练试验任务中成功应用。在芯一级、芯二级及助推伺服机构安装合练操作过程中，系统利用数字样机，培训并指导了操作人员的安装操作过程。

系统的开发过程中，为了实现对伺服安装操作过程的精细化指导，依据伺服机构安装要求等设计文件，对操作规程进行了细粒度的分解，并且具备工具设备齐套检查、操作细节多媒体交互式指导、安全规程及注意事项提醒等功能，基于数字样机建立了精细化的过程指导，辅助操作人员顺利完成安装过程。系统中分解的安装操作过程如图7－7所示。

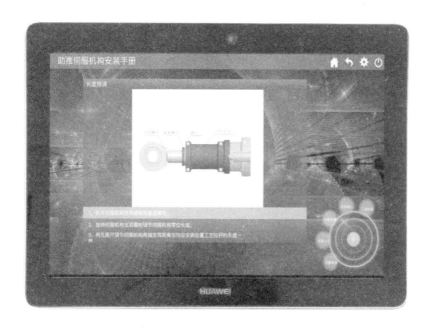

图 7 - 7　分解的操作步骤

　　在安装过程中使用到的工具设备齐套性，采用图文与实物对照确认并记录的方式进行检查，如图 7 - 8 所示。

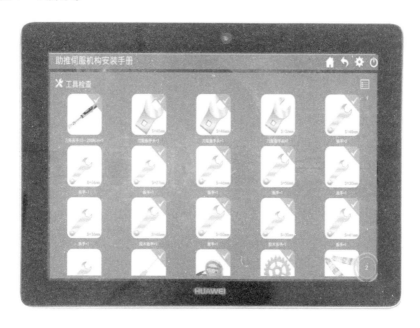

图 7 - 8　工具设备齐套性检查与提示

　　操作细节交互式指导主要采用数字样机结合文字、图片方式，对每步的操作方法进行讲解，形象直观、易学易用，如图 7 - 9 所示。其中三维动画来源于基于数字样机的装配仿真结果，充分利用数字样机设计的成果。

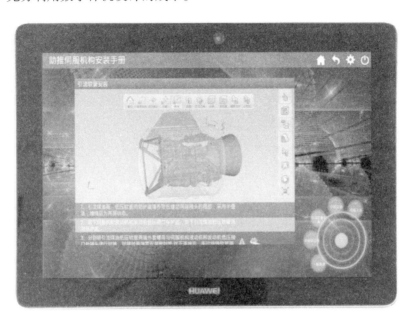

图 7 - 9　基于数字样机的交互式操作指导

利用数字样机对操作过程的安全规程及注意事项进行提示，能够有效避免低级错误的发生，如图 7 - 10 所示。

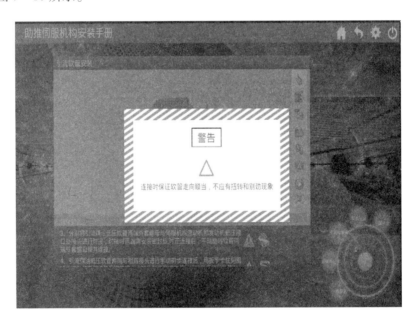

图 7 - 10　安全规程及注意事项提示

7.3　数字样机与虚拟现实技术

7.3.1　虚拟现实技术概述及应用

虚拟现实（Virtual Reality，VR）是一种计算机图形技术、多媒体技术、传感器技术、人机交互技术、网络技术、立体显示技术及仿真技术等多种科学技术综合发展起来的计算机领域新技术。

在军事与航空航天上的应用是 VR 技术发展的强有力催化剂。在航空上，利用 CAD/CAM 与 VR 结合进行新型飞机设计，某些飞行模拟器中也采用头盔显示器模拟各种实战场景，让人感觉相当真实。载人航天研究中，训练时，航天员坐在一个模拟"载人操纵飞行器"功能、并带有传感器的椅子上。椅子上有用于在虚拟空间中做直线运动的位移控制器和用于绕航天员质心调节其姿态的姿态控制器。航天员头戴的立体头盔显示器，用于显示望远镜、航天飞机及太空的模型；用数据手套作为与系统进行交互的手段。经过该虚拟系统的训练，航天员终于在 1993 年 12 月成功地完成了将哈勃太空望远镜上损坏的 MRI 用从航天飞机上取出的备件进行更换这一复杂而又费时的任务。虚拟现实技术的应用，使得军事演习在概念上和方法上有了一个新的飞跃，即通过建立虚拟战场来检验和评估武器系统的性能。

洛克希德·马丁公司的船舶/空气综合实验室（SAIL）以 F - 35 闪电 II 战机为背景型号，将动作捕捉和虚拟现实（VR）相结合，创造出沉浸式工程技术。SAIL 实验室主要硬件设备包括虚拟现实投影系统（CAVE 系统）、24 个摄像头的多人协同动作捕捉系统、力反馈设备。实验室主要设备组成及功能如图 7 - 11 所示。

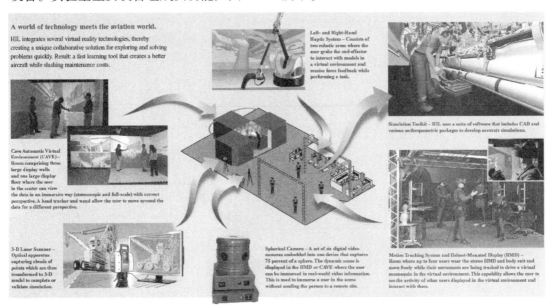

图 7 - 11　洛克希德·马丁公司 SAIL 实验室主要设备组成及功能

SAIL 的成功之处在于，将 CAD、动力学、动作捕捉和虚拟现实（VR）整合在一起。数字样机、人体动作、船舶及背景环境等整合为一体。其价值在于能够精确地模拟描绘现实的空间、时间和动作。

SAIL 技术人员利用动作捕捉服模仿飞机运载工具的发射情况。依靠动作捕捉服上反射的白点保持"Mocap"摄像头对它的定位。

SAIL 以两种密切联系的方式操作：Mocap 和 VR 渲染。Mocap 演示方式类似于好莱坞电影，在一个 4.5 m × 6 m 的空间内，周围有 24 台互相连接的视频摄像头，四名人员做出弹射器发射、武装飞机、甲板上离地试飞或更换发动机的动作。

各项任务中，表演者穿戴有贴身的深蓝色或黑色服装，类似于水下潜水员的装束。衣服上有无数的高反射球形装置，通过这些装置，摄像头可捕捉到每一个细微的动作。将每一个 Mocap 动作即时反映在 VR CAVE 当中。截至 2007 年年中，SAIL 已建立了将近 40 个仿真项目，包括：

1）在飞机腹部安装弹药筒。

2）在飞机下方进行武器系统服务。

3）在机翼下方安装导弹和炸弹。

4）海洋上，当飞机尾部悬停在飞行甲板边缘时，操作人员接触外部操作面板。

5）飞机预备发射，连接到甲板下方蒸汽动力的弹射器活塞环。危险的发动机进气门区域以红色模拟。这种模拟同样显示驾驶员以全动力操作发动机时的锚泊操作。

6）确保返回过程中，船只拦阻索和飞机尾钩的正确连接。

中国航天员科研训练中心在 2009 年成功研制出一套单机虚拟操作训练演示系统，并于 2013 年实现了一个基于虚拟现实技术的航天员太空协同操作训练仿真系统结构（见图 7 - 12），该系统能支持多名航天员逼真地模拟太空协同操作训练任务、能实现各参训航天员计算机虚拟场景实时一致、能处理访问冲突问题，以神舟七号航天员协同取载荷的仿真应用实例验证了该仿真系统的合理性和有效性，如图 7 - 12 所示。

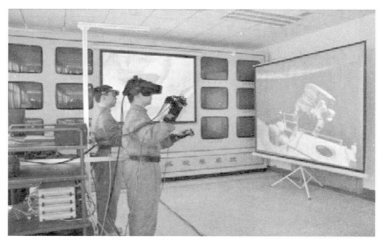

图 7 - 12　两名参训航天员协同回收载荷训练配置环境

军械工程学院装备保障工程实验室研制开发的新型虚拟维修平台——交互式桌面型虚拟维修训练平台现已推广使用。该平台以维修训练需求为牵引，以虚拟训练为主要技术手段，提供对机械、电子、液压等类型装备的构造原理、操作使用、分解组合、检查调整、故障诊断五类训练内容的学习、训练与考核，使得受训人员掌握相关维修知识与操作技能，达到近似实际训练的效果。此外，维修帮助可以提供常见维修任务的操作帮助和相关资料查询等功能。该平台采用了最新的虚拟维修训练模型体系和系统架构，兼容常见的虚拟现实引擎，不需要用户编程，只需将相关维修训练数据聚合即可生成具体装备的虚拟维修训练系统，给用户提供"真实"的虚拟训练环境。

浙江大学对分布式虚拟现实、虚拟装备装配及应用于工效学领域的虚拟人体模型进行了研究；国防科学技术大学研究了虚拟人行走规划方法；北京航空航天大学、北京大学、武汉大学等研究机构也都对虚拟人体模型进行了研究，并且大都集中于工效学领域，主要针对维修训练中的具体问题。

7.3.2　基于数字样机的虚拟现实系统

7.3.2.1　沉浸式虚拟现实系统结构

三维设计目前已成为运载火箭数字化设计的主流手段，与此相关的三维数字模装和装配仿真工作已经大量地应用于型号研制过程。随着型号三维设计工作的不断深入，数字模装在一定程度上取代了实物模装。为实现更好的协同交互，建立了一套沉浸式虚拟现实CAVE 系统。系统体系结构如图 7 - 13 所示。

该 CAVE 系统由显示子系统、中央控制及矩阵子系统、音响子系统、位置跟踪子系统、三维数字样机装配仿真软件子系统、图形工作站子系统、UPS 电源子系统等多个分系统构成。

显示子系统用于以全屏的形式，在大屏幕上投影显示各种图形和图像，通过投影机之间的视频融合和协同工作，共同组成一个完整的沉浸式立体虚拟环境，在此环境中显示立体的三维数字样机模型；中央控制系统主要是完成对投影机及矩阵切换器工作模式的切换控制，控制投影机的共同开关、立体模式的开关及不同音响信号的切换；音响子系统用于提供仿真场景的各种声音信息，以增强系统的沉浸感，给设计者带来听觉和视觉的统一；位置跟踪子系统用于捕捉虚拟场景中设计者头部及手部的六自由度位置信息，经过实时处理后传递给三维数字样机装配仿真软件；三维数字样机装配仿真软件用于生成系统中的各种虚拟场景并加载三维模型，根据位置跟踪子系统提供的位置信息，实时计算虚拟场景和三维模型，以响应设计者观看的不同视角；图形工作站子系统负责对虚拟场景和三维模型进行实时的渲染，给投影机输出视频信号；UPS 电源子系统用于系统非正常断电保护。

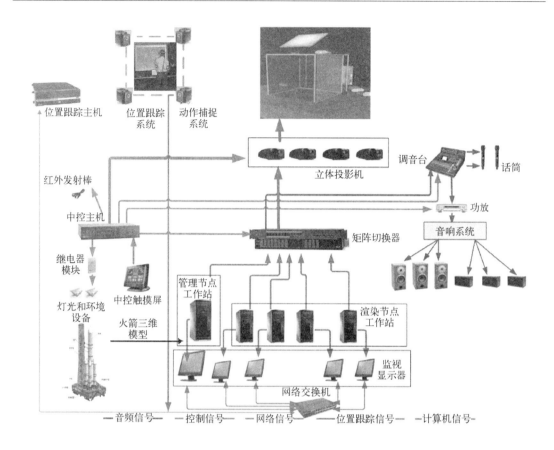

图 7-13　沉浸式虚拟现实系统体系结构

7.3.2.2　数字样机的轻量化集成技术

数字样机的轻量化集成技术解决了从目前的设计模型到仿真模型的转换和轻量化问题，实现了运载火箭全箭超大规模三维总装模型的轻量化和立体渲染显示，实现了装配仿真过程在沉浸式立体环境中的协调，为模装和装配仿真等交互式操作奠定基础。

以某 CAD 格式为例的设计模型到仿真模型的转换、处理和轻量化方法包括如下几个步骤。

（1）模型格式转换

仿真模型采用 CATIA（DELMIA）格式，从某 CAD 模型通过两种途径转换为 DELMIA 可接受的模型。

第一种是直接转换为 CATProduct 格式；在此过程中，由于部分某 CAD 模型采用的是收缩包络或其他简化形式，需要将这种由曲面组成外形的模型正确转换，同时某 CAD 模型中的电缆模型，必须转换为空间曲面才能在 DELMIA 中正常显示，否则会出现模型丢失的问题。

第二种是在第一种转换失败的情况下，采用中间模型格式转换，一般采用 STEP 或

IGES格式。采用 STEP 中间格式转换时，需要选择第 214 种转换协议或者第 203 种扩展协议，第 203 种协议不支持模型颜色信息的转换。

实际工程应用中需要综合考虑模型大小、软件处理速度等因素，将两种方法结合使用，有时候需要将全箭总装模型拆分为不同的部段，分别进行转换后再进行装配。

（2）仿真软件配置设置

对于仿真软件，需要进行正确的配置设置，具体项目包括：软件缓存，渲染模式，模型背面剔除，模型静态和动态的显示细节，透明度质量，抗锯齿功能，轻量化设置等内容。如果设置不正确，在虚拟环境中最终会出现模型几何信息丢失、显示帧数较低等问题。

（3）冗余模型清理

全箭 Pro/E 总装模型往往存在着各级骨架模型，并且由于增压输送系统、箭体结构、仪器电缆、结构总体各自有其总装模型，模型之间存在着重复的部分，因此，转换后需要将全箭总装模型中这些冗余模型隐藏或删除，减小内存占用。

（4）模型的处理

转换后的仿真样机三维模型可能会存在着个别模型转换失败或者转换过程中出现变形的情况，需要对模型进行进一步的处理，如重新转换模型甚至重新建模。

（5）模型轻量化

全箭总装模型数据量太大，显示速度一般较慢，可采用仿真软件数字样机优化器模块开展轻量化工作，推荐精确度为 1 mm 或更小的值。根据经验，1 mm 的精确度即可将数字样机模型数据量减小一半以上，同时不影响模型的结构。

7.3.2.3 位置追踪技术

系统中实现人机交互的重要部分是位置跟踪系统。通过位置跟踪系统对系统中设计者的位置信息和动作进行实时的捕捉是实现人机交互的前提。位置跟踪系统由位置处理主机、三维交互设备、光学摄像机、位置跟踪目标、系统连接线等组成。光学摄像机采集位置跟踪目标的二维位置信息，通过网线传输到主机上面做计算，主机再将计算的空间位置信息通过网络传输给应用程序，工作原理图如图 7 - 14 所示。

以对设计者头部的动作捕捉为例，系统中人体光学跟踪的原理和流程如下：

1）设计者戴上附有位置跟踪目标的立体眼镜。位置跟踪目标上面附有一组具有空间位置关系的反光球。

2）不同方位的光学摄像头开始发射红外光信号，捕捉位置跟踪目标及三维交互设备上的反光球以确定头部和三维鼠标的空间坐标。

3）当红外定位到每一个反光球在空间中的位置时，反光球会进行反射，摄像机会得到各个反光点的信息，然后使用专用软件计算出人体头部和手部的相对位置。

4）位置处理主机实时将计算出的位置数据传送到仿真软件中，由仿真软件实时驱动虚

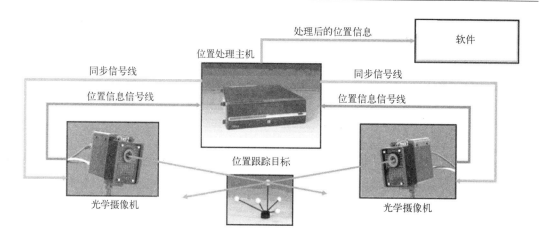

图 7 - 14　位置跟踪系统工作原理图

拟场景和三维模型做出相同的调整，以适应设计者位置的变化所造成的视野图像的变化，从而达到使设计者身临其境的目的，同时满足设计者对模型交互操作的需求。

7.3.2.4　CAVE 系统应用情况

经过多个型号运载火箭数字样机的深入研究与应用，将三维虚拟现实技术、立体投影技术、视频融合技术、虚拟环境人机交互技术等引入型号三维结构设计过程，有效地解决了型号三维数字样机结构方案的审查和分析过程的技术难题，为面向仿真的设计、精细化协同提供了工具手段，为运载火箭设计能力再上台阶做出了贡献。CAVE 系统主要应用在以下四个方面。

（1）三维数字样机结构协调与展示

系统能够直观地、立体地展示三维数字样机模型，与实物相比，可以方便地漫游至箭体内部任意位置，感知结构方案的可行性和合理性，有利于开展诸如发动机舱、仪器舱、级间段、箱间段、贮箱内部等部位的结构评审和协调。

同时由于系统具有高度的立体沉浸感，直观、立体地展示运载火箭三维数字样机成果，成为了展示汇报、外界参观的一面窗口。

（2）发射场数字合练和装配仿真

设计师能够基于三维数字样机，在 CAVE 虚拟环境中开展火箭测试发射全流程的"虚拟演习"，提前开展火箭系统、发射支持系统、发射场系统三方的虚拟演练和协调。该工作替代实物合练实现厂房设施布局、结构接口协调、操作流程仿真及人机工程分析，验证了合练方案的正确性和合理性，考察了各系统结构设计协调性，考核了关键产品的可装配性及维修性，提前暴露并解决了发射流程的各种薄弱环节，减小了正式合练后各类问题对研制进度带来的影响，对于实物合练具有重要意义。

（3）交互式虚拟维修、虚拟训练

基于三维数字样机、发射场数字合练结果，在 CAVE 系统中可通过人机交互模拟真实的操作过程，实现诸如三维可视化装配模拟、发射场虚拟训练、发射场虚拟维修、飞船操作虚拟训练等系统的开发和用户培训工作。

典型应用如靶场操作交互式培训系统，既可用于对没去过靶场的人员开展培训，也可用于外界参观展示体验。

（4）仿真结果可视化

系统能够立体地展示虚拟发射试验平台、飞行过程仿真、各类地面试验分析等仿真结果数据，直观地说明仿真效果。

基于数字样机开展的运载火箭发射服务工作目前成功地应用于几个型号。随着研究的不断深入，数字样机将逐步成为支撑发射服务各项业务工作的数据源，其应用将从目前的交互式电子技术手册、培训训练仿真逐步拓展到 SBOM 管理、备品备件管理、维修大纲和维修计划的制定与实施、故障模拟演练和智能化状态检测与诊断等各方面，形成面向发射服务的运载火箭数字样机，为商业化发射服务提供更先进的技术支撑。

第 8 章 发展展望

近年来，智慧工业 4.0 的概念，在全球各国得到广泛认同，"数字火箭"研发模式向"智慧火箭"研发模式的发展已成为必然，以更加先进的技术打造更加"智慧"的火箭，已成为下一代运载火箭研制的重要目标。本章从新一代运载火箭数字样机工程的研制现状出发，展望了数字样机工程技术的发展前景，诠释"智慧火箭"内涵，提出"智慧企业"愿景，为各行业"智慧企业"的建设提供借鉴。

运载火箭数字样机工程的实施取得了较好的成效，已覆盖到运载火箭的设计、制造、试验、服务等各个环节，面对人工智能、大数据、增强现实等新兴技术的浪潮，下一代运载火箭的研制，将以数字样机工程为基础，向更广阔的领域扩展，进一步融入"智慧"元素，化身为智慧协同、智能仿真、智能生产、智慧服务，创造一个高效、快捷、可靠、智能的"生态"环境，具体表现为如下几个方面：

（1）"智慧协同"使流程更优化

未来的"智慧企业"将基于数字样机工程的发展，实现设计过程基于智能感知的协同，包括设计与设计、设计与工艺、工艺与制造生产和检验，甚至包括售后服务使用等环节均需开展并行协同设计工作，使得在产品的设计阶段就充分考虑到产品的多专业耦合影响、可制造性、可维护性、安全性、使用性等因素，提升总体设计方案的先进性，减少设计反复迭代次数和实物不协调问题；充分考虑、预测和引领用户需求，全面提升"智慧企业"的市场竞争力和引领作用。

（2）"智能仿真"使仿真更加精准

未来的"智慧企业"将具有更加高效更强大的智能化仿真能力，仿真是全研制流程各环节中的重要工作，更多的仿真试验将被纳入研制流程，提前暴露问题和解决问题，从而进一步提高实体试验和产品生产的一次成功率，解决多型号并举带来的场地、资源、经费、人员及进度紧张等一系列问题。

（3）"智能生产"使响应更迅速

数字样机工程的实施为企业数字化制造能力的跨越式提升提供了坚实的基础，同时对制造单位的数字化能力和水平也提出了更高的要求。对照国内外相关行业的发展状况，制造生产单位的数字化能力和水平是制约型号整体研制进度的瓶颈。面对日益激烈的市场竞争环境及先进制造技术的不断发展，智能化制造将是建设"智慧企业"重要而艰巨的任务。充分利用设计数字化的成果，实现工艺、工装设计智能化，生产加工智能化，装配过程智能化，生产过程信息管控智能化等，从根本上提升制造生产单位多任务并举下的快速响应能力，才能最终实现"智慧企业"的目标。

（4）"智慧服务"让使用更便捷

在产品售后服务阶段，建立基于运载火箭数字样机的智慧服务体系，运载火箭数字样机可广泛服务于产品宣传与展示、产品培训、维修、维护、发射等诸多环节，在此基础上逐步实现远程发射服务支持智能化，在大幅度减少现场人力资源需求的同时，提升发射服务敏捷响应能力。

通过"智慧企业"的建设，型号研制全流程技术能力将得到进一步加强，仿真更加快捷和精细，进一步提升对客观世界的深刻认识，增强把握型号研制规律的能力。设计工具智能化程度进一步提高，设计人员将有更多的精力从事创造性的工作，彻底杜绝低层次问题的发生。制造生产技术将发生质的飞跃，工人将不再是简单劳动者，他们也将成为掌握先进生产工具的技术人员。随着先进技术的应用，形成诸多高度集成的智慧协同研制环境，基于标准化的接口实现信息的自动采集、传递、共享和智能化应用，实现管理过程精细化，数据分析智能化，决策更加科学化，全方位提升企业核心竞争力。

参 考 文 献

［1］ Wang G F. Definition and Review of Virtual Prototyping. Transactions of ASME，Journal of Computing and Information Science in Engineering［J］. 2002，2（3）：222 – 236.

［2］ Dai F and Reindl P. Enabling Digital Mockup with Virtual Reality Techniques – Vision，Concept，and Demonstrator［C］. In：Proceedings of 1996 ASME Design Engineering Technical Conference and Computers in Engineering，Irvine，California，August 18 – 22，1996.

［3］ Cutkosky M R，Engelmore R S，Fikes R，et al. PACT：An Experiment in Integrating Concurrent Engineering Systems［J］. IEEE Computer，1993，26（1）：28 – 37.

［4］ Mark Klein，Peyman Faratin，Hiroki Sayama，et al. A Complex Systems Perspective on Collaborative Design. Proceedings of the Fourth International Conference on Complex Systems ［J］. Berlin：Springer Berlin Heidelberg，2008：3 – 11.

［5］ Brian Rooks. A Shorter Product Development Time with Digital Mock – up. Assembly Automation［J］. 1998，18：34 – 38.

［6］ Huang GQ，Lee SW，Mak KL. Web – based Product and Process Data Modeling in Concurrent 'Design for X'. Robotics and Computer – Integrated manufacturing［J］，1999，15（1）：53 – 63.

［7］ Hague M J，Taleb – Bendiab A. Tool for Management of Concurrent Conceptual Engineering Design，Concurrent Engineering：Research and Applications［J］，1998，6（2）：111 – 129.

［8］ ISO 17599—2015，机械产品数字样机通用要求.

［9］ GB/T 26100—2010，机械产品数字样机通用要求.

［10］ Data Management Helps A380 Take Off on Time. URL = ＜http：//machinedesign. com/article/data – management – helps – a380 – take – off – on – time – 0206＞.

［11］ Boeing's Golbal Collaboration Environment Pioneers Groundbreaking 787 Dreamliner Development Effort. URL = ＜http：//www. designnews. com/article/13616_ Boeing_ s_ Golbal_ Collaboration_ Environment_ Pioneers_ Groundbreaking_ 787_ Dreamliner_ Development_ Effort. php＞.

［12］ Integrated 3D CAD/CAM/CAE Solutions for Any Size Design Challenge. URL = ＜http：//www. ptc. com/products/proengineer＞.

［13］ Speed product development with integrated Digital Mockup solutions. URL = ＜http：//www. ibm. com/solutions/plm/05_ PLM_ 001119_ DMU_ Whitepaper_ LR_ 1＞.

［14］ Kamel Rouibaha，Kevin R. Caskeyb. Change management in concurrent engineering from a parameter perspective. Computers in Industry，2003，50（1）：15 – 34.

［15］ Paulk M C，Curtis B，Chrissis M B，et al. Capability Maturity Model SM for Software. Version 1. 1 Software Engineering Institute Technical Report No. CMU/SEI – 93 – TR – 024，1993.

［16］ R Garbade，W R Dolezal. Airbus – Evolution of the Digital Mock – up（DMU）at Airbus to the Centre of Aircraft Development，Proceedings of the 17th CIRP Design Conference. Springer Berlin Heidelberg. 2007：3 – 12.

[17] 徐光明. 数字化技术在超七飞机研制中的应用. 制造业信息化[J]. 2003(6)：53-54.

[18] 顾伟, 蒋成, 龚维生. 数字技术助"枭龙"快速展翅腾飞. 航空制造技术[J]. 2004(2)：30-34.

[19] 王庆林. 飞机构型管理[M]. 上海：上海科学技术出版社, 2012.

[20] 刘虎. 飞机总体设计支持技术探索与实践[M]. 北京：北京航空航天大学出版社, 2013.

[21] 陈月根. 航天器数字化设计基础[M]. 北京：中国科学技术出版社, 2010.

[22] 郑朔昉, 王俊彪. 飞机数字样机研制规范化解决方案. 航空制造技术[J]. 2003(9)：67-71.

[23] 秦旭东, 容易, 王小军, 龙乐豪. 基于划代研究的中国运载火箭未来发展趋势分析[J]. 导弹与航天运载技术, 2014(1)：1-4.

[24] 梁思礼. 并行工程的实践——对波音777和737_X研制过程的考察(摘要)[J]. 质量与可靠性, 2003(1), 1-7.

[25] 范玉青, 等. 大型飞机数字化制造工程[M]. 北京：航空工业出版社, 2011.

[26] 熊光楞. 并行工程的理论与实践[M]. 清华大学出版社, 2001.

[27] 张玉麟. IPT工作法[J]. 航空科学技术, 1998(5)：23-26.

[28] 李清, 等. 航空产品IPT团队群运行模式研究[J]. 企业信息化, 2002(4)：64-69.

[29] 何麟书, 等. 支持并行工程的方案设计研究[J]. 北京航空航天大学学报, 1992, 25(6)：643-646.

[30] 汪峥, 等. 并行工程团队的定量化组织方法[J]. 系统工程学报, 2001, 16(6)：443-449.

[31] 张玉云, 等. 并行工程方法、技术与实践[J]. 自动化学报, 1996, 4(2)：101-120.

[32] Pall Proctor, Everett Wash. Boeing Rolls out 777 to Tentative Market. Aviation Week&Space Technology[J]. 1994.

[33] 863/CIMS重大关键技术攻关项目并行工程总体技术报告[R]. 1997.

[34] 863/CIMS重大关键技术攻关项目并行工程应用报告[R]. 1997.

[35] 熊光楞, 张玉云, 李伯虎. 并行工程总体技术与实施方法研究[J]. 计算机集成制造系统CIMS, 1996, 2(2)：3-8.

[36] 杨海成. 数字化设计制造技术基础[M]. 西安：西北工业大学出版社, 2007.

[37] 谭建荣, 等. 数字样机：关键技术与产品应用[M]. 北京：机械工业出版社, 2007.

[38] 杨欣, 等. 数字样机建模与仿真[M]. 北京：清华大学出版社, 2014.

[39] 范玉青. 基于模型定义MBD技术及其应用[C]//航空信息化论坛, 2011：15.

[40] 何德华, 等. MBD技术在航天器研制中的应用探讨[J], 航天器工程, 2015(2)：23-26.

[41] Alemanni M, Destefanis F, Vezzetti E. Model-Based Definition Design in Product Lifecycle Management Scenario[J]. The International Journal of Advanced Manufacturing Technology. 2011, 52(1-4)：1-14.

[42] 潘康华. 基于MBD的机械产品三维设计标准关键技术与应用研究[D], 北京：机械科学研究总院, 2012.

[43] Parametic Technology Corporation. Pro/TOOLKIT二次开发工具包用户手册[M]. 北京：电子工业出版社, 2005.

[44] 周培, 等. Pro/E二次开发关键技术及其在管路快速设计中的应用[J]. 导弹与航天运载技术, 2015(3)：89-92.